# Cultura del Buen Trato
## Hacia la prevención del maltrato infantil

Regina Rodríguez Martínez.
Diana Bravo Serrano
(Compiladoras)

# Cultura del Buen Trato
## Hacia la prevención del maltrato infantil

**Cultura del Buen Trato**
**Hacia la prevención del maltrato infantil**
Regina Rodríguez Martínez. Diana Bravo Serrano
(Compiladoras)

Editor: Dougglas Hurtado Carmona

© 2018, Copyright. Contenido en
Blanco y negro

ISBN (Print): **978-0-359-74335-3**
ISBN (Ebook): **978-0-359-50705-4**

Contacto:
Publicaciones Científicas
Universidad Metropolitana
publicacionescientificas@unimetro.edu.co

**Portada**: Adaptada de ilustraciones de Rosemary Paola Estarita Rodríguez

# AGRADECIMIENTO

El presente libro es resultado de un trabajo perseverante e incansable durante seis años no solo de las autoras sino de colaboradores, patrocinadores, familiares, colegas y en especial de los niños, niñas, adolescentes y sus familias quienes han sido nuestra mayor fuente de conocimiento sobre el maltrato infantil pero sobre todo nos sensibilizaron e inspiraron para trabajar y construir sobre la Cultura del Buen Trato.

Gracias infinitas a los doctores Gabriel Acosta Bendek (QPD) y Eduardo Acosta Bendek (QPD) fundadores de nuestra alma máter a quienes acudimos desde el inicio de este proyecto y respondieron con su apoyo incondicional inmediatamente con el entusiasmo, cariño, fe y compromiso que los caracterizó siempre.

A la Universidad Metropolitana por acogernos y abrirnos espacios de convivencia y de socialización de conocimientos, a la Fundación Hospital Universitario Metropolitano y a todos sus trabajadores administrativos, clínicos, paraclínicos y de rehabilitación por permitirnos materializar este proyecto.

Agradecemos a los doctores Daniel Acosta Osio, Ángela Quijano, Avelyna Molino, Helena Bustos y Jenifer Galé quienes dedicaron parte de su tiempo para aportarnos valiosos conocimientos.

Por último queremos agradecer a las Doctoras Ana María Segura y Norella Ortega Ariza coordinadora de investigación, quienes nos impulsaron a consolidar nuestras experiencias y conocimientos en este libro y a todo el equipo de la dirección de investigación institucional quienes nos apoyaron para hacer posible este producto final.

# AUTORES

**Regina Rodríguez Martínez.**
Trabajadora Social. Especialista en Docencia Universitaria. Docente Investigadora. Universidad Metropolitana de Barranquilla.

**Diana Sofía Bravo serrano.**
Terapeuta Ocupacional. Especialista en Planeación Desarrollo y Administración de la Investigación. Maestrante en intervención psicológica en el desarrollo y la educación. Docente investigadora. Universidad Metropolitana de Barranquilla.

**María Claudia Vargas.**
Enfermera. Magíster en Salud Pública. Directora de programa. Universidad Metropolitana de Barranquilla.

**Laura De Castro.**
Psicóloga. Especialista en Psicología Clínica. Magíster en Psicología Clínica. Doctorado en Psicología con Orientación en Neurociencia Cognitiva Aplicada.

**Luz Estela De la Cruz.**
Fonoaudióloga. Especialista en Gerencia Educativa. Magíster en Patología del Habla y Lenguaje. Docente Universidad Metropolitana de Barranquilla.

**María del Socorro Barraza.**
Odontóloga Forense. Magíster en Proyectos de Desarrollo Social. Candidata doctorado en Biomedicina. Docente Universidad Metropolitana de Barranquilla.

**Carmen Acuña.**
Fisioterapeuta. Especialista en Docencia Universitaria. Docente Universidad Metropolitana de Barranquilla.

**Janeth Jinete.**
Enfermera. Especialista en Modelos, Tipos y Diseños de Investigación. Magister en Educación. Docente investigador. Universidad Metropolitana de Barranquilla.

# CONTENIDO

# Prólogo

Es para mí honroso y placentero la reacción y propuesta del grupo de investigación de la Universidad Metropolitana con relación a la Cultura del Buen Trato, la cual requeriría y seria indispensable una enciclopedia para tratar lo relacionado con esta situación social incluyendo literatura que va desde "Niños Maltratados"( Juan Casado Flores, José A. Díaz Huertas y Carmen Martínez González), hasta la condición Ecuménica de la Profesión Médica como lo destaca Henrique de la Vega en su libro "ASI SUFRIERON". Recordemos igualmente todo cuanto Isabel Cuadro Ferrer viene divulgando en su campaña Afecto contra el Maltrato Infantil de más de 25 años.

Esta obra contiene las bases para continuar enfatizando en las acciones que debemos seguir el personal de la salud, cuidadores y padres de familia, en la tolerancia y estrategias de la cultura del buen trato, aprender a identificar y manejar de manera idónea casos de maltrato y más importante todavía "Educar en Prevención ".

Sigamos insistiendo en la propuesta de las Docentes Regina Rodríguez, Diana Bravo, Carmen Acuña, Luz E De la Cruz, María Claudia Vargas, María Barraza, Janeth Jinete, Laura De Castro docentes Investigadoras Universitarias con las Cartillas de Buen Trato. Producto de su trayectoria investigativa y profesional quienes desde una intención interdisciplinar e integral plasmaron en este material didáctico, aspectos teóricos y prácticos que llevan a la reflexión pero sobre todo a la acción para promover el Buen Trato y aminorar las secuelas y el sufrimiento de aquellos que sufren maltrato.

Unámonos a este equipo para seguir y extender la instrucción en las campañas de Prevención y Buen Trato.

**Libardo Diago**

# Introducción

La educación básica primaria, incluido en el nivel la educación preescolar están dirigidos a niños y niñas menores de la edad hasta los 6 años. Este es un derecho obligatorio durante la primera infancia para fomentar el desarrollo integral de niños y niñas desde su nacimiento hasta los seis años, que asisten a instituciones con entornos escolarizados y no escolarizados de 0 años hasta su ingreso a la educación preescolar, y luego, a entidades educativas en los grados de preescolar, pre-jardín, jardín y transición. De acuerdo al planteamiento de la Comisión Intersectorial de Primera Infancia, se considera que la educación inicial es importante porque el trabajo pedagógico desarrolla las inquietudes, y capacidades de niños y niñas, a través de experiencias que impulsan su desarrollo (CINE, 2013).

En dicho documento, también se plantea que el juego, el arte, la literatura y la exploración del entorno son actividades se imponen en la primera infancia enmarcando el quehacer pedagógico. En este sentido, la educación de la primera infancia promueve el pleno desarrollo de niños y niñas, sus características y experiencias pedagógicas, lúdicas, recreativas, estimulando su desarrollo integral en sus todas sus dimensiones.

La educación inicial en Colombia contempla modalidades que responden a los Lineamientos y Estándares de la Estrategia de Cero a Siempre y de la Comisión Intersectorial para la Atención Integral de la Primera Infancia (AIP), teniendo en cuenta los principios fundamentales del sistema educativo en la Constitución Política de Colombia de 1991, en la Ley General de Educación (Ley 115 de 1994) y la Ley de Educación Superior (Ley 30 de 1992), como principio constitucional del derecho que tiene toda persona a recibir educación. En Colombia, la educación inicial para los niños y niñas de primera infancia es un derecho fundamental a partir de la Ley 1098 de 2006 - Código de Infancia y Adolescencia-, en donde se establece el Derecho al desarrollo integral en la primera infancia. Esta ley define que:

"La primera infancia es la etapa del ciclo vital en la que se establecen las bases para el desarrollo cognitivo, emocional y social del ser humano; comprende la franja poblacional que va de los cero (0) a los seis (6) años de edad. Desde la primera infancia los niños son sujetos titulares de los derechos reconocidos en los tratados internacionales, en la Constitución Política y en este Código. Son derechos impostergables de la primera infancia la atención en salud y nutrición, el esquema completo de vacunación, la protección contra los peligros físicos y la educación inicial. En el primer mes de vida deberá garantizarse el registro civil de todos los niños y las niñas (Congreso de Colombia, 2006)".

También se encuentra en el Plan de Desarrollo Prosperidad para Todos (2010-2014), que la Atención Integral a la Primera Infancia es aspecto fundamental para impulsar el desarrollo infantil y social, lo cual generó la Estrategia Nacional "De Cero a Siempre", para promover y garantizar el desarrollo infantil de los niños y niñas menores de 6 años, a través de un trabajo unificado e intersectorial, desarrollando planes, programas, proyectos y acciones para la atención integral de cada niño y niña de acuerdo con su edad, contexto y condición.

La Comisión Intersectorial de Primera Infancia coordina las políticas, planes, programas y acciones necesarias para la ejecución de la atención integral a la primera infancia, con el apoyo del Departamento Administrativo de la Presidencia de la República, el Ministerio de Educación Nacional, el Ministerio de Salud y Protección Social, el Ministerio de Cultura, el Departamento Nacional de Planeación (DNP), el Departamento de la Prosperidad Social (DPS) y el Instituto Colombiano de Bienestar Familiar (ICBF), la Agencia para la Superación de la Pobreza Extrema (ANSPE) y la Alta Consejería de Programas Especiales de la Presidencia de la República.

Los Lineamientos y Estándares de la Estrategia de Cero a Siempre y de la Comisión Intersectorial para la Atención Integral de la Primera Infancia (AIPI), a través del ICBF, ofrece modalidades, servicios y educación inicial, orientados a promover el desarrollo infantil, el cuidado, la nutrición y la salud; respondiendo a las necesidades y características particulares de los niños, las niñas y sus familias, estructurados de la siguiente manera:

(a) Institucionales: Atención a niños y niñas entre los 6 meses y

5 años, cuyas familias requieren apoyo en su cuidado diario, por razones como laborales y los que requieren fortalecer su proceso de socialización. Funcionan en los centros especializados de zonas urbanas, 8 horas diarias los 5 días de la semana. Incluye los siguientes servicios ofrecidos por el ICBF: hogares infantiles, lactantes y preescolares; jardines sociales; hogares múltiples; hogares empresariales; centros de desarrollo infantil, y atención en establecimientos de reclusión.

(b) Familiar: Atención a mujeres gestantes, lactantes y niños y niñas menores de 5 años, cuyas familias y cuidadores necesitan fortalecer sus procesos de cuidado y crianza en el hogar. Dirigido a niños y niñas menores de 2 años para mejorar el vínculo afectivo con sus familias y cuidadores. Estos son encuentros educativos grupales en los hogares una vez a la semana con las mujeres gestantes, lactantes, niños, niñas y sus cuidadores y las familias.

(c) Centros de Desarrollo Infantil entorno familiar (CDI FAMILIAR). Promueve el desarrollo integral de niños y niñas en primera infancia, generando capacidades, formación y asistencia a familias y cuidadores, y fortaleciendo la garantía, seguimiento y promoción de derechos. En esta modalidad se atiende a hijos menores de 5 años de familias vulnerables de zonas rurales y urbanas marginales; niñas y niñas menores de 2 años; mujeres gestantes, y madres lactantes. Aquí reciben apoyo a la familia, salud y nutrición, pedagogía, talento humano, ambientes educativos y protectores, y administración y gestión.

Por consiguiente, las necesidades de la población en condición de vulnerabilidad son atendidas de manera especializada a través de estas acciones; ayudando al acceso, permanencia y éxito en el servicio educativo. Estas estrategias aportan calidad, pertinencia y equidad a la población estudiantil ubicada en regiones de alta riesgo de dispersión por conflictos, donde la jornada escolar se negocia con la dedicación a los estudios, los trabajos de producción y la vida comunitaria.

# Referencias

Clasificación Internacional Normalizada de la Educación adaptada para Colombia, CINE, 2011 A.C. Dirección de Regulación, Planeación, Estandarización y Normalización, DIRPEN, DANE, Ministerio de Educación, SENA, ICBF

Comisión Intersectorial de Primera Infancia. (2013). Fundamentos políticos, técnicos y de gestión. Estrategia de Atención a la Primera Infancia. Obtenido de http://www.deceroasiempre.gov.co/ QuienesSomos/Documents/ Fundamientos-politicos-tecnicos-gestion-de-cero-a-siempre.pdf

Congreso de Colombia. (28 de diciembre de 1992). .Ley 30 de 1992. Por el cual se organiza el servicio público de la Educación Superior. Colombia. Congreso de Colombia. (19 de julio de 2002).

Ley 749 de 2002. Colombia. Congreso de Colombia. (8 de noviembre de 2006).

Ley 1098 de 2006. Por la cual se expide el Código de la Infancia y la Adolescencia. Colombia. Congreso de la República. (8 de febrero de 1994).

Ley General de Educación. Colombia. Congreso de la República. (25 de abril de 2008).

Ley 1188 de 2008. Colombia. Constitución Política de Colombia. (1991).

Constitución Política de Colombia. Bogotá, Colombia. Departamento Administrativo de la Presidencia de la República. (22 de diciembre de 2011).

Decreto 4875 de 2011. Colombia. Ministerio de Educación Nacional. (16 de diciembre de 2009).

Decreto 4904 de 2008. Colombia. Ministerio de Protección Social; Ministerio de Educación Nacional; Departamento Nacional de Planeación y SENA. (2004).

Consolidación del sistema nacional de formación para el trabajo en Colombia. Documento CONPES 81. Bogotá, Colombia. Presidencia de la República. (26 de diciembre de 2013).

Decreto 3011 de 2013. Obtenido de http://www.colombiaaprende.edu.co/html/productos/1685/ articles-26052 3_Destacado.pdf UNESCO. (2013).

Clasificación Internacional Normalizada de la Educación. Montreal, Quebec, Canadá: UNESCO.

# Capítulo I. ¿Crees que tus costumbres dañan las relaciones con tus hijos y te llevan a maltratarlos?

## Presentación

En la relación de los padres con los niños, existen en ocasiones dificultades debido a que estas no entienden sus actitudes y comportamientos, ya que se muestran inquietos (as), desconcentrados (as) y en algunas ocasiones sus conductas son indescifrables.

Teniendo en cuenta esta problemática el Grupo Cuidado de la Salud y la Vida, elaboró una "Libro La Cultura del Buen Trato" Como una herramienta útil para la formación y educación de niños, niñas y adolescentes, como estrategia para generar hábitos y disciplinar sin necesidad de utilizar formas negativas.

Este libro está dirigido a todas aquellas personas interesadas en la formación integral de los niños, aunque se sugiere sea utilizada por padres, madres, y educadores.

## Autores

**María del Socorro Barraza Salcedo - Investigador principal, Programa de Odontología**

**Regina Rodríguez Martínez - Coordinador del Proyecto, Programa de Trabajo Social.**

**Carmen Acuña Castilla - Co-investigadora, Programa de Fisioterapia**

**Diana Bravo Serrano - Co-investigadora, Programa de Terapia Ocupacional**

**Helena Bustos Rincón - Co-investigadora, Programa de Psicología**

**Luz Estela de la Cruz Imitola - Co-investigadora, Programa de Fonoaudiología.**

**Avelyna Molino Torres - Co-investigadora, Programa de Nutrición**

**María Claudia Vargas Vásquez - Co-investigadora, Programa de Enfermería**

## Auxiliares de Investigación

**Estudiantes de los Programas de Terapia Ocupacional, Trabajo Social, Enfermería y Fisioterapia.**

## Ilustraciones

**Carolina Gandur Barraza**

## ¿Qué son Creencias?

Construcción teórica que surge de una imagen o representación social que se toma como cierta, sin importar su origen. Las creencias generalmente son avaladas por tradiciones culturales e identifican a un conglomerado social.

| Creencias más comunes que llevan al maltrato de los niños | Creencias verdaderas que evitan el error de maltratar a los niños |
|---|---|
| 1. "La letra con sangre entra" | 1. El aprendizaje para un niño es más productivo si los guiamos pacientemente en sus tareas, sin necesidad de maltratarlos. |
| 2. "Los hombres no lloran" | 2. Llorar es una expresión del ser humano respecto a un sentimiento o emoción, independientemente que sea hombre o mujer. |
| 3. "Los niños no tienen criterios para decidir lo que es bueno para ellos" | 3. Es importante dejar hablar a los niños y escucharles, ya que es la mejor manera de comprenderlos, conocerlos y respetar sus ideas. |
| 4. "Los niños no juegan con muñecas porque se vuelven gays" | 4. Los juguetes son juguetes. Todos los juguetes contribuyen a fomentar la creatividad y a estimular las relaciones interpersonales, por tanto no existen "juguetes para niños" y "juguetes para niñas" |
| 5. "Gordura sinónimo de Buena Alimentación" | 5. El aumento de peso no SIEMPRE indica un buen estado de salud |

## ¿Qué es Buen Trato?

El buen trato es toda aquella acción que:

- Promueve el desarrollo integral.

- Está dirigida a proteger la integridad física y psicológica.

- Promueve la autonomía y el libre desarrollo de la personalidad.

- Fortalece y eleva la autoestima personal.

- Anima y refuerza la individualidad y la diferencia.

- Estimula el desarrollo de habilidades y destrezas.

Si seguimos las siguientes reglas, vamos a construir Buen Trato:

- Identificar el problema

- Atacar el problema y no la persona

- Ver a la persona y no a la enfermedad

- Escuchar sin interrumpir

- Preocuparse de los sentimientos de los demás

- Ser responsables de lo que hacemos y decimos

Y aplicar estos consejos:

- Escuchar a los demás siempre.

- Las manos son para ayudar, acariciar y no para lastimar.

27

- Nuestro lenguaje siempre debe ser positivo y concreto.

- Debemos hablar con cariño.

Participamos en una cultura de buen trato cuando:

- Miramos a los ojos de la otra persona

- Extendemos los brazos para abrazar.

- Brindamos apoyo

- Regalamos una sonrisa desde el fondo del alma

- Brindamos una actitud de escucha

- Brindamos un corazón abierto y recreado

-  Damos expresiones de afecto y amor

- Aceptamos al otro tal como es.

- Respetamos la vida de todos los seres vivos.

- Elevamos la autoestima: "tú eres capaz, tú puedes"

### Sigue este consejo

Atiende siempre las lágrimas del bebé, compréndelas sin pedir explicaciones, igual que no se le piden explicaciones a un adulto por su continua necesidad de amor.

"Cuando un bebé llora, a menudo pide tan poca cosa como el tacto de la piel de un adulto, un beso suave, unos brazos que lo abracen y sostengan. Y a menudo el adulto lo llama egoísta porque solo pide eso"

## Algunos Tips del buen trato según la edad

**Del nacimiento a un año:**

**Aprender lo básico:** Cómo se carga, cómo se le da de comer, cómo se baña. Hay que preguntar, leer o hablar con expertos.

**Amar al bebé:** Esto no se aprende en los libros pero si le hablas, lo tocas, lo besas, le sonríes y lo disfruta a cada momento aunque esté intranquilo, le estás demostrando su amor. Esto no lo malcría, sólo le da fuerzas para vivir.

**Aprender a entenderlo:** Cada gesto, sonido y movimientos de su cuerpo quieren transmitirle lo que está sintiendo.

**Nunca usar la fuerza física:** Las tensiones de ser padre son reales. Hay que buscar una forma satisfactoria de descargarlas, pero nunca con su bebé.

**Los primeros pasos:**

**Respirar profundo:** Para el bebé todo es nuevo e interesante y quiere explorarlo, por eso ataca su casa y sus efectos personales.

**Preparar la casa para la presencia de los niños:** Guarde cualquier cosa delicada o de valor y ponga bajo llave los objetos peligrosos, las sustancias venenosas. Estas medidas le permitirán respirar con mayor alivio y no tendrá que decir NO con tanta frecuencia.

**Las reglas o normas deben ser pocas y claras:** Lo básico es asegurar el bienestar del niño o niña. Los buenos modales en la mesa y aprender a usar el baño, pueden esperar.

**En la edad escolar:**

**Demuestra interés:** Estar pendiente de las tareas escolares, hablar de lo que sucede en la escuela, invitar a los amigos a la casa y buscar tiempo para hablar con el maestro de vez en cuando.

**Comunicarse:** Hablar con los hijos, pero también escucharlos asignarles tareas, a los niños les encanta ayudar. Asegúrese de que cada trabajo esté de acuerdo con su capacidad y dele las gracias por su ayuda.

**En la adolescencia:**

Hay que quererlo y aceptarlo como es, respetar sus diferencias y su modo de ser. Cada hijo es diferente.

Cuando hable de la realidad de la vida, el Chico probablemente dirá "ya lo sé". Mostrar afecto.

Dígale que lo quiere, pero refrene las expresiones físicas delante de los amigos de ellos.

# Pautas que mejoran las relaciones con los niños evitando cualquier tipo de maltrato.

1. Respetar a los niños en todos los sentidos.

2. Comprender que en los niños y niñas no hay maldad, más sí, curiosidad, deseo de ver y explorar cosas nuevas y aprender.

3. Escuchar y hacer partícipes a los niños en las decisiones de familia.

4. Que los padres garanticen un buen desarrollo integral (salud, alimentación, educación, diversión).

5. Compartir con los niños (jugar con ellos, sacarlos a pasear, guiarlos en sus tareas de colegio, etc.)

6. Brindarles un hogar lleno de amor, comprensión y paz.

7. No vincular a los niños en los problemas y decisiones del hogar que deben resolver los adultos.

## Prevención

**¿Cómo manejar el buen trato con los niños?**

- Dirigirnos a los niños con amor.

- Brindarles afecto.

- Fomentar la autoestima en los niños.

- Manejar el diálogo con los niños.

- Ser más comprensivos con sus hijos.

- Centrarnos en atender los problemas que presentan nuestros niños.

- No criticar los errores de los niños, sino orientarlos sobre la forma correcta de hacer las cosas.

- Guardando distancia con el niño ante cualquier situación de enojo.

- Entender que cada niño tiene su propia personalidad.

# Para negociar los problemas o conflictos, si seguimos las siguientes reglas, vamos a construir Buen Trato

1. Ser conscientes de cuáles son los verdaderos problemas que se tienen.

2. Atacar el problema y no a la persona.

3. Escuchar sin interrumpir, escuchar como base de la comunicación efectiva.

4. Estar en comunicación con los propios sentimientos y preocuparse de los sentimientos de los demás.

5. Expresarse de manera clara y sin acusaciones.

6. Mantener el corazón abierto mientras se dicen las verdades sin ofender ni humillar.

7. Ser responsables de lo que hacemos y decimos.

8. Emplear afirmaciones en primera persona, las cuales favorecen la sinceridad mutua.

### Para Reflexionar

1. Todos tenemos acuerdos y desacuerdos.

2. Ser capaces de resolver los desacuerdos es fundamental para mantener un clima de Buen Trato.

3. No basta con aceptar los que otros dicen, es necesario construir la tolerancia y el respeto por las diferencias para poder conceder a otros las razones en los desacuerdos.

4. Para decir y escuchar la verdad se requiere valor, porque

uno se arriesga a tener que cambiar de actitud y oír cosas de las cuales no desea enterarse.

5. Para resolver los conflictos es necesario: traducir el enojo en afirmaciones claras y no en acusatorias y practicar la escucha activa.

## Conclusiones

Todos los niños tienen acuerdos y desacuerdos, los cuales a pesar de su corta edad, son capaces de resolverlos y afrontar las consecuencias; es por esto, que resulta fundamental para mantener un clima de buen trato apartar algunas creencias e imaginarios que predisponen al maltrato infantil y empezar a reaprender nuevas formas y pautas de crianza, sin embargo, no basta con aceptar lo que otros dicen, es necesario también construir la tolerancia y el respeto por las diferencias para poder conceder a otros las razones en los desacuerdos.

# Referencias

ALBA PINILLA, Jorge. "ENTREVISTAS CON AFECTO BUEN TRATO"

A. P. I. IMPRESORES LTDA, Bogotá Octubre del 2000

CASAS SARMIENTO, Rosa Helena y col." Orientaciones para el Buen trato a Niños y Niñas, Prevención del Maltrato Infantil". Alcaldía Local, Fondo de Desarrollo Local Fontibón. Cundinamarca. 2005.

FUNDACION RESTREPO BARCO. El Buen Trato en la Familia y en la Escuela. El Tiempo Editores. Bogotá, 2000.

GOBERNACIÓN DEL ATLÁNTICO, Secretaría de Salud Pública. Manual de prevención de la violencia intrafamiliar. Guía de atención del menor maltratado. 2004.

MANHEY, Mónica. "Educando en los primeros años. Una propuesta para la familia". UNESCO Oficina Regional de Educación para América Latina y el Caribe. Editorial Atria. Chile, 2004.

MONTES, Carmen. MONTOYA, Gabriela. "Guía para adultos Campaña Buen Trato: Estrategias para fomentar el buen trato en adultos, niños, niñas y adolescentes". Save of children. Colombia. 2002.

OIT. Organización Internacional del Trabajo. Explotación sexual comercial de adolescentes: Aprendizajes de un modelo de atención. Programa Internacional para la erradicación del Trabajo Infantil IPEC. Colección Buenas Practicas tejiendo redes, 1a Edición, 2007.

# Capítulo II. Programa "Cultura del Buen Trato y protección al menor"

## Presentación

Hoy en día podemos escuchar, leer y ver en los medios de comunicación propagandas, noticias y series de televisión, situaciones relacionadas con maltrato infantil, algunas veces de manera morbosa, otras para educar y denunciar.

Sin embargo, aún desconocemos tanto que diariamente en nuestros hogares, centros educativos, centros de salud, centros de recreación, etc., cometemos de manera consciente o inconsciente actos como: negar un beso o un abrazo, aún después de disculparse por haber hecho una travesura, torcer los ojos o lanzar miradas amenazantes por haber dejado al descubierto una mentirilla de su madre, exhibir al niño por no haber hecho "bien la tarea", verbalizar constantemente palabras negativas contra el niño y resaltar todo el tiempo lo que NO puede hacer; estas acciones a pesar de no ser agresiones físicas intimidan y cohíben al niño, interrumpiendo la espontaneidad y exploración propia de la edad.

Otras acciones como no brindarle el tiempo necesario para supervisar, apoyar y resaltar las actividades de autocuidado, sueño, vestido, alimentación, juego y estudio, también son consideradas como maltrato, ya que generan sentimientos de abandono y no permiten el crecimiento y desarrollo integral y pleno que todo niño y niña necesita y que además son derechos fundamentales de cada uno de ellos.

Todas estas agresiones psicológicas y emocionales generan en el niño o niña, desconfianza, miedo, tristeza que con el tiempo, especialmente en la edad adulta, pueden llegar a afectar sus relaciones sentimentales y sociales.

Es por esto que te invito a que reflexiones si estas siendo

35

un padre, madre, abuelo, abuela, hermano, hermana, maestro o vecino maltratante por lo que dices o por lo que dejas de hacer y te eduques para hacer parte activa de la cultura del buen trato y así logar proteger a todos nuestros niños.

**Diana Bravo**
Terapeuta Ocupacional

## Autores

**Regina Rodríguez Martínez, Investigador principal, Programa de Trabajo Social.**

**María del Socorro Barraza, Programa de Odontología.**

**Carmen Acuña Castilla, Programa de Fisioterapia.**

Diana Bravo Serrano, Programa de Terapia Ocupacional.

**Laura De Castro, Programa de Psicología.**

Luz Estela De la Cruz Imitola, Programa de Fonoaudiología.

**Avelyna Molino Torres, Programa de Nutrición.**

María Claudia Vargas Vásquez, Programa de Enfermería.

## Ilustraciones

**Rosemary Paola Estarita Rodríguez**

**Carolina Gandur Barraza**

## ¿Qué tanto conoce Usted de maltrato infantil?

Conscientes de la grave problemática existente sobre el maltrato infantil y aún más sobre las acciones poco eficaces, nos dimos en la tarea de indagar cuánto conocen las personas sobre este tema, los resultados son contundentes:

Niños, adolescentes y adultos coinciden en asegurar que el Maltrato Infantil es cuando "se le pega al niño sin una razón aparente", "cuando los mayores por rabia nos golpean o nos roban", "cuando se le obliga al niño a tener relaciones sexuales o son utilizados para el tráfico sexual"; si analizamos estas respuestas nos damos cuenta que solo se concibe al maltrato infantil como acciones violentas que se realizan contra el cuerpo del niño, niña y/o adolescente.

Al indagar sobre cómo se identifica el maltrato infantil, las respuestas también fueron muy similares "morados, quemaduras, sangrado en cualquier parte del cuerpo, fracturas y golpes inexplicables", lo que lleva a concluir que solo logran identificarlo cuando hay una lesión visible. Al preguntar sobre a donde recurrir, solo los adultos contestaron "al Bienestar Familiar".

Y lo más preocupante…. Al indagar a personas del sector salud, las respuestas fueron casi las mismas, excepto en los casos en los que se les indagó a psicólogos quienes argumentaron que también está el maltrato psicológico y que se puede identificar cuando el niño es muy temeroso o reprimido; a pesar de ello, aún es información poco eficaz que no permiten identificar de manera precoz cualquier posible situación del maltrato, por lo que las acciones, en caso tal existan, son precarias e ineficientes para la protección de todos los niños.

Podemos concluir que el problema real radica en que las personas en general, niños, niñas, adolescentes, adultos profesionales y no profesionales; no tienen un conocimiento real y objetivo sobre esta situación lo que por obvias razones interfiere con la realización de acciones pertinentes para reducir los factores desencadenantes y para la atención directa con los niños.

En este orden de ideas, la invitación es que nos sensibilicemos más sobre esta problemática y nos eduquemos para generar espacios más sanos de participación, juego e interacción con los infantes.

**Diana Bravo Serrano.**
Terapeuta Ocupacional

En un informe del año 2008, la Prevent Child Abuse America estimó que estos costos llegaron a $35 billones por año y los costos indirectos alcanzaron los $105 billones por año (2008) dada las consecuencias económicas a largo plazo del maltrato de menores argumentando la delincuencia juvenil y adulta criminal, las enfermedades mentales, el abuso de sustancias y la violencia doméstica, la pérdida de productividad debido al desempleo y el costo de servicios

# El maltrato en la infancia y la adolescencia: Un problema de salud pública

A lo largo de la historia, el enfoque dado al maltrato infantil ha estado orientado al descubrimiento de su etiología, tipología, manejo, prevención y remisión, sin embargo, en los últimos tiempos se ha venido reconociendo como un grave problema de salud pública.

El maltrato infantil, se ha convertido en una causa importante de lesiones físicas y psicológicas que engloba innumerables secuelas y consecuencias para las condiciones de salud en general del menor.

La violencia infantil, afecta el desarrollo sostenible de un país, la calidad de vida de la población y la estabilidad de la salud pública; siendo altamente prevenible desde los factores modificables del comportamiento.

El maltrato infantil, casi siempre ocurre dentro de la familia, pero el impacto de esta práctica trasciende a toda la sociedad.

La sociedad paga el precio por el maltrato de menores, en términos de costos directos e indirectos al Sistema de Seguridad Social para la asistencia del niño en salud mental y física, costos en investigaciones que aclaren causas, sistemas judiciales necesarios para el establecimiento de derechos del infante y el adolescente.

**María del Socorro Barraza Salcedo**
Odontóloga Forense

## ¿Qué es cultura del buen trato?

Cultura de buen trato, es un estilo de relación interpersonal que incluye empatía, comprensión, respeto y tolerancia.

Según la Doctora Leonor Arocha del ICBF "En la crianza está la clave si queremos desarticular las violencias e instaurar la cultura del buen trato"

El programa de Cultura del Buen Trato y Protección del menor que se está implementando en la Fundación Hospital Universitario Metropolitano (FHUM) tiene como fin la creación, elaboración y ejecución de estrategias que favorezcan acciones conducentes al buen trato, capacitación a los profesionales de la salud que laboran en la FHUM en la detección, manejo y notificación de los casos identificados como maltrato.

Buen trato es el reto que todos los colombianos debemos tener para así crear una familia, una comunidad y un país con vínculos afectivos donde tengamos tolerancia y respeto.

Recuerde que:

> Los años de la infancia son decisivos para el desarrollo de la inteligencia, la personalidad y el comportamiento social del niño...

**Avelyna Molino Torres**
Nutricionista Dietista

## Como se crea el programa cultural del buen trato

En el primer semestre de 2009 se inició la investigación Detección, Manejo y Notificación del menor maltratado en la FHUM, teniendo como primera fase el diagnóstico del manejo del menor maltratado en la FHUM, para lo cual se realizó una encuesta aplicada al personal de los diferentes departamentos de la FHUM.

Posteriormente, se realizó el análisis e interpretación de resultados determinándose, que en la FHUM sí ingresan niños, niñas y adolescentes con síntomas claros de maltrato, sin embargo, solo se atiende la causa de consulta no llevándose a cabo un seguimiento y control acorde a la situación del maltrato infantil.

Partiendo de estos resultados, el grupo Niñez y Bienestar considera la necesidad de crear el programa Cultura Del Buen Trato y protección al menor, dando respuesta a lo establecido en la ley Infancia y Adolescencia 1098 de 2006 donde se establece que es obligación del Sistemas de Seguridad Social en salud capacitar a todos sus empleados para la detección de todo tipo de maltrato infantil.

**Carmen Acuña**
Fisioterapeuta

# Implementación del programa cultura de buen trato y protección

La implementación del programa Cultura del Buen Trato y Protección al Menor surgió como resultado de un proceso investigativo, se da inicio desde el II P del 2009, con la aplicación de encuestas dirigidas a los médicos, enfermeras, terapeutas y personal administrativo sobre los tipos de maltrato que conocen, las acciones que realizan al encontrarse con una sospecha de maltrato, los departamentos o servicios a los que deben comunicar los hallazgos realizados y la sintomatología de los diferentes tipos de maltrato.

Se continúa con la creación de un protocolo para facilitar la detección de menores que acuden a la FHUM en situación de maltrato o en riesgo de serlo. Posteriormente para facilitar el proceso de manejo y notificación se generó una ruta de atención interna donde se incluyeron los servicios y dependencias existentes en el hospital, para que los funcionarios remitan, dependiendo del tipo de maltrato y de la gravedad de este.

Al interior de los programas de promoción y prevención, de la FHUM (Crecimiento y Desarrollo y de Psicoprofilaxis del Parto), también se desarrollaron acciones de detección con la aplicación del protocolo, de sensibilización y capacitación a través de talleres teórico prácticos.

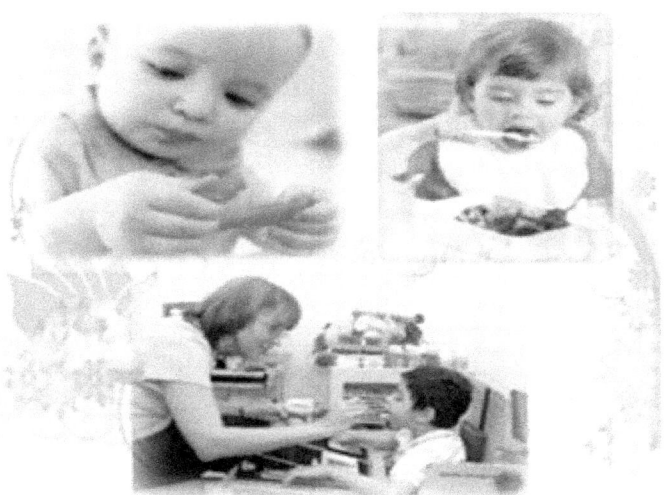

Todo esto, ha permitido que el personal de la FHUM se concientice sobre la situación de maltrato infantil y se aumente la notificación al personal de trabajo social para realizar los seguimientos pertinentes, al igual que el aumento de remisiones especialmente a psicología; sin embargo, aún falta más camino por recorrer, donde podamos educar, ser multiplicadores de la cultura del buen trato y así, minimizar los casos y secuelas que genera este flagelo.

**Regina Rodríguez Martínez**
Trabajadora Social

# Tips del buen trato según el ICBF.

El código de la infancia y adolescencia Ley 1098 de 2006 reconoce a niños, niñas y adolescentes como sujetos de derechos, para que crezcan en el seno de su familia y de la comunidad en un ambiente de felicidad, amor, respeto y comprensión.

El Instituto Colombiano ha definido un conjunto de Tips relacionados con los derechos de los niños y el Buen Trato (Los niños, las niñas y sus derechos al buen trato.)

Es importante resaltar los siguientes:

- Crecer en una familia amorosa, con buena calidad de vida.

- Gozar de afecto, respeto y armonía.

- Dialogar con ellos, escuchándolos con paciencia y amor.

- Cuidarlos y protegerlos de cualquier tipo de maltrato.

También, vale la pena destacar los aspectos complementarios a tener en cuenta en las orientaciones del ICBF.

- Reconocer sus cualidades y comprenderlos cuando cometen errores.

- Ayuda a tus hijos a tener confianza en sí mismos, celebremos sus esfuerzos y triunfos y no criticar sus comportamientos negativos

- El no en un niño no es rebeldía, sino una decisión firme. ¡Escuchémoslo!

- Las expresiones cotidianas de afecto y la resolución pacífica de conflictos en el hogar, se convierten en un buen antídoto contra las ideas suicidas de los adolescentes. Lo que hace daño no es el exceso de expresiones de amor, es la ausencia de normas y límites claros.

- Dedica a tus hijos un tiempo individual, para explorar sus: expectativas, intereses, fantasías, creencias…

- Disciplina con amor. Cumple lo que dices, si prometes un premio dáselo, si es un castigo, llévalo a cabo.

- Cuidado… Cuando tu hijo o hija te confiesa algo que a ti no te gusta y le castigas, le estás enseñando a mentir.

- Si ya censuraste la falta de tu hijo no la saques a relucir más adelante. Recuerda que las cuentas de cobro solo se pagan una vez.

- Si involucras con amor y honestidad a tus hijos en las dificultades cotidianas, los harás sentir parte importante de la familia.

- Todos tenemos derecho a tener diferentes opiniones frente a una misma situación. Respetar la diferencia para llegar a un consenso.

- Escuchar activamente y sin interrumpir, hasta que la otra persona haya terminado de hablar, evita que el conflicto crezca y posibilita una solución.

- Censura la acción no deseada. No a la persona. Di: me molesta que dejes la cama sin tender. No digas: eres un desordenado.

- Establece horarios fijos para que tus hijos hagan las tareas, las rutinas favorecen los hábitos. El cambio de actividad favorece el aprendizaje

- Cuando tu hijo llegue del colegio, permítele tomar un tiempo de descanso de aproximadamente dos horas antes de realizar sus deberes escolares.

- Acuerda un tiempo razonable con respecto al tiempo que ellos duraran viendo televisión. Y ojo: estarás listo a poner en práctica las consecuencias anunciadas...

- Usted que es adulto, sabe que el miedo es irracional. Si su niño le dice que tiene miedo de que haya un monstruo debajo de la cama. No le diga cosas como: no seas bobo que ahí no hay nada, acompáñelo a mirar debajo de la cama y descubran juntos que no hay nada.

- Como padres debemos proporcionar y Compartir espacios de juego con los hijos orientados a fortalecer la creatividad y una actitud positiva hacia la vida. Así, podemos prevenir factores depresivos que pueden presentarse en la niñez y la vida adulta.

- El juego permite el fortalecimiento de la socialización y el desarrollo de la creatividad. A través de él, los niños aprenden a expresar emociones, temores, esperar el turno, perder, ganar, cooperar, trabajar en equipo y formar un concepto de sí mismo, de sus fortalezas y debilidades.

- Planea con tus hijos actividades que realmente disfruten: deportes, teatro, pintura... Combatirás el tedio y lo que es mejor...

Tu hijo aprenderá a hallar significado y sentido a la vida.

Equipo interdisciplinario

# Detección, manejo y notificación del maltrato infantil en la Fundación Hospital Universitario Metropolitano

La detección oportuna del maltrato infantil y más aún su prevención a partir de la observación y estudio de factores de riesgo, reviste una gran importancia ya que posibilita la ayuda al niño que sufre este problema y a la familia para evitar la gravedad de las consecuencias, tratar las secuelas y prevenir las recurrencias.

Actualmente, en la FHUM se pueden encontrar testimonios entre el equipo médico, paramédico y administrativo que nos evidencia la existencia de muchos casos de maltrato infantil, los cuales son identificados a través de protocolos e instrumentos que identifiquen la sintomatología de estos.

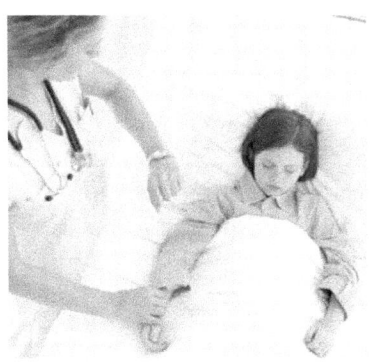

Los posibles casos son detectados gracias a la preparación y cultura del buen trato que ha recibido el personal de la FHUM para la detección, el manejo y la notificación adecuada de niños, niñas y adolescentes maltratados o en riesgo, ofreciéndoles una atención específica abarcando las necesidades particulares de la comunidad.

Los niños y niñas que acuden al FHUM a Hospitalización o Consulta Externa con evidencias de maltrato físico, son remitidos al servicio de psicología, en donde el profesional de la salud evalúa a través de baterías psicológicas en varias sesiones con el paciente, padres o acudiente.

Luego se aplica el Protocolo de Detección Temprana del maltrato en infantes y adolescentes implementado en la actualidad, así mismo, se indaga sobre el ambiente del niño en el colegio, la casa u otros lugares frecuentados por el niño o niña que pudieran dar información relevante sobre la situación de posible maltrato físico o psicológico. Posteriormente se notifica a Trabajo Social sobre las sospechas de algún tipo de maltrato y éste, a su vez, informa a los organismos dicha situación (Fiscalía, ICBF, CAIVAS).

**Equipo Interdisciplinario**                     **Laura De Castro**
                                                    Psicología

## Detección, manejo y notificación del maltrato infantil según el ministerio de protección social

De acuerdo a la Guía de Atención, según la Resolución 0412, los Programas de Promoción y Prevención del Ministerio de Protección Social plantean que los Servicios de Atención Primaria (AP) tienen un papel destacado en la prevención del maltrato infantil, al ser los únicos servicios comunitarios a los que tienen acceso generalizado las familias; en un periodo de edad en que el niño es especialmente vulnerable.

Todo el personal en salud, de AP se encuentra en una posición favorable para detectar niños en situaciones de riesgo, colaborar en la intervención protectora de la población general y realizar actividades preventivas en niños considerados de riesgo.

La Prevención Primaria cumple los siguientes objetivos:

- Evitar la presencia de factores de riesgo y potenciar los factores protectores.

- Intervenir con amabilidad y empatía cuando se observan prácticas de castigo corporal que restablecen inapropiadamente en la relación padres-hijos.

- Brindar educación comunitaria para la salud, incrementando las habilidades de los padres en el cuidado de los hijos, en las relaciones educativas y afectivas que se establecen en la relación de padres e hijos.

- Prevenir el embarazo no deseado, principalmente en mujeres jóvenes.

- Evaluar la calidad del vínculo afectivo padres-hijos, los cuidados del niño, la presencia de síntomas que sugieren abandono o carencia afectiva, actitud de los padres frente al establecimiento de normas límites (azotes, castigos o correcciones verbales desproporcionadas).

- Comunicar a la comunidad los requerimientos del niño en cada edad especifica.

- Reconocer si en la familia existen problemas de alcoholismo, drogadicción, etc.

- Reconocer situaciones de violencia doméstica o de abuso como medida efectiva para prevenir el maltrato.

- Reconocer situaciones de abandono o trato negligente en el niño.

**Regina Rodríguez Martínez**
Trabajadora Social

## ¿Cómo mejorar los comportamientos familiares para unas excelentes relaciones en el hogar?

La calidad de vida de numerosos niños se encuentra profundamente deteriorada por los malos tratos experimentados en el entorno familiar y social; y sus acciones conllevan graves consecuencias en el desarrollo físico, emocional, y mental para alcanzar un bienestar con la familia y la sociedad.

No es fácil crear un manual ideal para manejar adecuadamente los comportamientos de los niños para alcanzar unas relaciones totalmente armoniosas, pero si podemos referirnos a unas Pautas en las que nos apoyaríamos para criar niños sanos, que desarrollen todas las habilidades innatas, de no ser troncados por sus mismos progenitores y/o cuidadores.

Entre ellas tenemos:

- Brindarles tiempos de descansos.

- No obligarlos a trabajar.

- Hacerlos partícipes de tareas caseras de acuerdo a sus capacidades.

- Denunciar casos de violación de derechos.

- Participación del padre durante la gestación, crianza y educación de sus hijos, más allá de proveer dinero.

- Jugar con los niños para ayudar al desarrollo y formación del carácter y la autoestima.

- Acariciar, abrazar, manifestar afecto favorece el buen trato en los miembros de la familia.

- Propiciar ambientes cálidos en el que los niños se sientan valorados, respetados, amados y escuchados.

- Los niños necesitan que les sean inculcados valores, que se impongan reglas y se distribuyan funciones de participación.

- Los padres deben trabajar en la formación de hábitos de aseo, alimentación, sueño, lectura, entre otros.

- Con la presencia de los padres el niño adquiere habilidades en cada etapa de su vida, que le estimulan y facilitan herramientas para fortalecer sus talentos.

- No imponer juegos y mucho menos bajo nuestras normas.

- Comparta en familia los juegos, esto ayudará a afianzar los lazos.

- Explicar al niño la razón de cada norma a través del diálogo.

- Satisfacer todas las preguntas que hacen los niños, pero si hay dudas mejor consultar y no emplear palabras incorrectas.

- Las casas se deben adaptar al niño y no al contrario, buscando la forma de hacerlas más seguras.

- No resolver problemas con gritos. Más tarde el niño buscará resolver los propios de la misma forma.

- Mantener respeto y tolerancia por los otros, y aclare al pequeño que la crisis familiar no es su culpa.

- No oculte los cambios, los niños son muy receptivos.

**Regina Rodríguez Martínez**
Trabajadora Social

# ¿Cómo detectar si un niño es maltratado en la escuela o en el hogar?

Cuando a un niño o niña se le maltrata ya sea de manera verbal, física, o por descuido, inmediatamente, se ve reflejado en el comportamiento y en el desempeño de sus actividades cotidianas.

Para ser un poco más específicos y poder detectar posibles casos de maltrato fácilmente se presentan los siguientes signos y síntomas en cada una de las áreas en la que este se desenvuelve:

### Autocuidado

El niño o niña muestra ropa sucia, dientes sin cepillar, cabello desarreglado, mal olor, piojos, bajo peso, uñas muy largas, uñas muy sucias, escabiosis, oídos muy sucios. En ocasiones cuando el niño ya tiene las habilidades para alimentarse solo se puede detectar maltrato si aún come con las manos, si riega demasiado o si presenta temor para recibir algún tipo de alimento que el terapeuta ofrezca como medio de reforzador.

También, es necesario observar si el niño o niña esta somnoliento preguntar horarios para el sueño, ya que si no existen se puede inferir pobre supervisión de los padres o abandono.

### Juego

Es indispensable recordar que desde que nace el niño o niña juega aunque no lo parezca, esto es indispensable para su

51

crecimiento y desarrollo físico, emocional, social y cognitivo; además de ser un medio eficaz de expresión, por lo tanto, el niño presenta intolerancia a texturas, movimientos, ruidos y olores; retraso psicomotor, retraso en habilidades manipulativas, poco interés por explorar es posible que a este menor no se le esté brindando el espacio, tiempo y estimulación necesaria para su desarrollo, por lo cual se categorizaría como maltrato por negligencia o abandono.

Cuando existe maltrato también se puede observar un juego violento, donde tiende a destruir sus juguetes, gritar, empujar, golpear, morder; el niño o niña puede emplear de manera constante un lenguaje soez o representa situaciones cargadas de sexualidad; o por el contrario, es un menor que no interactúa, se aísla, se muestra temeroso, desconfiado, con llanto constante y fácil.

### Escolaridad.

Faltan mucho a clases, no presenta tareas, los padres no acuden a reuniones, no firman notas, el niño dentro de su actividad académica puede mostrarse disperso, sus capacidades para comprender pueden ser muy limitadas debido a la pobre estimulación recibida en casa; puede ser agresivo con sus compañeros, irrespetuoso con los profesores y compañeros, emplear un lenguaje soez; también puede abusar de los otros niños o niñas a través de burlas, y señalamientos o utilizando a los niños más pequeños o débiles como medio para manipular y satisfacer algunas necesidades.

Con lo anterior, se pretende dar algunas pautas a padres, vecinos, amigos, profesores, tíos, conocidos o desconocidos para lograr identificar algunas posibles situaciones de maltrato y con ello velar por la seguridad, felicidad y el desarrollo integral de los menores de nuestra sociedad.

Además de esto, es de suma importancia observar el ambiente familiar en el que el niño se encuentra, el estado socioeconómico, el nivel de escolaridad de los padres o cuidadores, antecedentes de maltrato, farmacodependencia o alteraciones mentales, la reacción de la familia ante la observación e indagación del examinador; con el fin de arrojar una conclusión objetiva sobre si el niño realmente está siendo maltratado o si el comportamiento de éste es por causas orgánicas o internas.

**Diana Bravo Serrano**
Terapeuta Ocupacional

## Los derechos violados de los niños

Los derechos de los niños son violados de forma masiva en el mundo en numerosos aspectos. Los menores son objeto de violencia, explotación, abusos, mala salud, infecciones como el sida, desplazamientos por conflictos armados, ausencia de educación.

En Colombia todavía se mueren niños por enfermedades que deben estar controladas, violando de tajo uno de los diez derechos fundamentales de la niñez: "la atención de salud preferente"

Son muchos los niños en Colombia a los que no se les respetan sus derechos a la educación, la familia, a no trabajar, a ser escuchados, a tener un nombre, una alimentación cada día, a la asociación y derecho a integrarse y a formar parte activa de la sociedad.

Los derechos fundamentales más vulnerados: la Salud y a la alimentación.

Más de la mitad de las muertes en niños y niñas en el país están relacionadas con malnutrición.

La nutrición de los niños y niñas de 0 a 5 años implica actitudes y conocimientos adecuados de la familia y cuidadores/as, pertinencia, acceso y calidad de los servicios de salud y nutrición con visión de integralidad. No obstante, el retraso en el crecimiento también es preocupante. Además, muchos niños padecen de anemia. Por ley, todos los niños y niñas deben tener completo el esquema de vacunación, sin embargo, sólo a un 58% de los niños y niñas les aplicaron todas las vacunas durante los primeros doce meses de edad. Las familias de estratos 4, 5 y 6 encabezan esta lista.

## A un nombre, a una familia y a no ser maltratado

El niño tiene derecho desde su nacimiento a un nombre y a una nacionalidad. Gozará de una protección especial y dispondrá de oportunidades y servicios, para que pueda desarrollarse física, mental, moral, espiritual y socialmente en forma saludable y normal, así como en condiciones de libertad y dignidad.

Sin embargo, hay 30.000 niños y niñas en la calle, y por ende desprotegidos. Hay 40.000 niños y niñas en abandono y de 4.000 a 8.000 huérfanos por año.

Los más de 150,000 bebés que no se registran en Colombia cada año en su primer año de vida están en riesgo de ser excluidos del acceso a servicios esenciales.

La explotación sexual en menores es aterradora, entre 30 mil y 60 mil niños se ven afectados por esta circunstancia. La cifra de mutilados por minas antipersona oscila entre 70.000 y 100.1 casos, los secuestrados son más de 300. A esto, se suma el desplazamiento forzado, que en gran parte lo sufren los niños.

## Educación

El niño tiene derecho a recibir educación, que será gratuita y obligatoria por lo menos en las etapas elementales. Se le dará una educación que favorezca su cultura general y le permita, en condiciones de igualdad de oportunidades, desarrollar sus aptitudes y su juicio individual, su sentido de responsabilidad moral y social, y llegar a ser un miembro útil de la sociedad.

Este derecho se ve violado, en gran parte porque los niños ingresan al ámbito laboral a temprana edad, lo que ocasiona una inasistencia escolar. Además, la falta de recursos de muchas familias impide que sus hijos asistan a las escuelas.

No sólo los costos de las matrículas son gastos, también lo son el transporte, la alimentación y los útiles, entre otros.

## A asociarse y a hacer parte de la sociedad

La inequidad social es una de las principales razones que conllevan a la violación de este derecho. Esto se evidencia en que

1.500.000 a 2.500.000 niños son discapacitados por pobre acceso a servicios y problemas de integración.

Entre el 45 y el 52 por ciento de la población colombiana censada en el año 2005, 41.468.384, está en niveles de pobreza. De esa cifra, el 68 por ciento están entre los seis y los 18 años de edad, y el 15 por ciento es menor de 5 años.

Las condiciones ambientales de los hogares repercuten directamente en el bienestar de los niños y niñas, en ese sentido, el 16 por ciento de la población no tiene servicios de recolección de basura; el 23.1 de los hogares está sin alcantarillado; el 13.5 no tiene acueducto y el 30 por ciento está sin agua domiciliaria de buena calidad.

**Regina Rodríguez Martínez**
Trabajadora Social

## Conclusiones

Las instituciones y la sociedad en general tienen el deber y el compromiso de velar por la infancia a través de acciones que lleven a la promoción de su óptimo desarrollo y a la prevención de factores que puedan interferir con el buen desarrollo del menor.

Es por esto que TODOS y especialmente las instituciones educativas, de formación superior y las de salud, estén en constante generación de herramientas, programas, estrategias y conocimientos que permitan innovar acciones que propendan por la protección del menor.

Por lo anterior, el grupo de investigación Cuidado de la Salud y la Vida ha generado el programa denominado "Cultura del Buen Trato" con el que se pretende sensibilizar a todo el personal que labora en la Fundación Hospital Universitario Metropolitano (FHUM) con miras a que este tipo de acciones se multipliquen en el sector salud y se incluyan en los planes de estudio los conocimientos adquiridos de estas experiencias.

# Referencias

ARBOLEDA MEDINA, Consuelo, Mag. ESCOBAR VELEZ, Blanca Regina, Mag. RAMIREZ ZARATE, Olga Lucia, Esp. Padres Eficacés. ¿Cómo seguir siendo padres después de una separación conyugal? Cartilla y Taller N° 6. Centro de Familia. Primera edición, Editorial Universidad Pontificia Bolivariana, 2008.

BARRAZA SALCEDO, María del Socorro et al. Es tu paciente víctima de maltrato infantil. Instituto Nacional de Medicina Legal y Ciencias Forenses Regional Norte. Universidad Metropolitana. Barranquilla, 1998 p. 15.

BRAVO, D. RODRIGUEZ M R. BARRAZA, M. y otros. Trabajo de Investigación" Detección, manejo y notificación del menor maltratado o en riesgo de serlo que acude a la FHUM, Barranquilla, 2009.

CONETS. Revista colombiana de Trabajo Social. N° 20. Marzo de 2006 – ISNN: 0121-2818. PRIMERA EDICIÓN, Impresores Las Colinas, Cali, 2006.

CONETS. Un modelo jurídico social de intervención con la familia y el menor. Consejo Nacional de Trabajo Social. Cali, Colombia.

GNECCO DE RUIZ, María Teresa. Trabajo Social con Grupos. Fundamentos y Teorías. Editorial Kimpres Ltda, 2005.

ROSCHKE, Maria Alice. BRITO-QUINTANA, Pedro. PALACIOS, Amelia. Gestión de proyectos de educación permanente en los servicios de salud. Manual del Educador. Organización Panamericana de la Salud, 2002.

VILLA DE YARCE, Luz Marina. ESTRADA, Luz Marina. Un modelo Jurídico-Social de intervención con la familia y el menor. Serie: Cuadernos de Trabajo Social N°1. Edición Consejo Nacional de Trabajo Social, Consejo Nacional para la Educación en Trabajo Social, Cali 1992.

# Capítulo III. Manejo Interdisciplinario del Maltrato Infantil

## Presentación

Preocupados por los niños y reconociendo el gran riesgo que llevan consigo en lo cotidiano por las presiones de la vida moderna y las mismas consecuencias que ha dejado la revolución política, social, y económica a los PADRES de este siglo; expresamos unos aportes desde lo más profundo del sentir como maestros, educadores, progenitores y además, como los profesionales que se preparan para formar, educar y crear futuros niños, jóvenes y adultos creativos con proyección, gestores de procesos que marquen el desarrollo de las regiones donde habiten.

Es por eso, que se ofrece en la presente libro las sugerencias de manejo interdisciplinar creadas por el grupo de Docente Investigador Cuidado de la Salud y la Vida a padres, maestros y cuidadores; con el fin de sensibilizar y enseñar a dar un adecuado manejo al detectar, casos de maltrato infantil en cualquiera de sus tipos.

**Regina Rodríguez Martínez**
Trabajador Social

57

## Autores

Regina Rodríguez Martínez, Investigador principal, Programa de Trabajo Social.

María del Socorro Barraza, Programa de Odontología

Carmen Acuña Castilla, Programa de Fisioterapia

Diana Bravo Serrano, Programa de Terapia Ocupacional

Laura De Castro, Programa de Psicología

Luz Estela De la Cruz Imitola, Programa de Fonoaudiología

Avelyna Molino Torres, Programa de Nutrición

María Claudia Vargas Vásquez, Programa de Enfermería

## Ilustraciones

Rosemary Paola Estarita Rodríguez

Carolina Gandur Barraza

## ¿A quién compete el Buen Trato para los niños?

Hablar de buen trato no puede estar aislado del contenido en la Convención Internacional de los Derechos del Niño y la Constitución Nacional Colombiana; donde se consideran a éstos como sujetos plenos de derechos, donde el maltrato, es una flagrante violación a tales derechos.

Por esta razón, nació el Convenio del Buen Trato en 1996 como una alianza interinstitucional entre la Asociación Afecto, la Fundación FES, la Fundación Restrepo Barco, la Fundación Rafael Pombo y Casa Editorial el Tiempo; con el propósito de encaminarse por el BUEN TRATO, quienes intentan reconstruir esa buena costumbre entre las personas, desde el momento más propicio, es decir, la infancia, indicándonos de este modo que permanentemente compete a todos los componentes de la sociedad, mujeres, hombres, jóvenes, niñas y niños; la misión de movilizar el interés parcial del Buen Trato. Tratando de difundir el espíritu de convivencia y tolerancia, el programa "Cultura del Buen Trato y Protección al Menor" propone:

Hacer necesario que, a nivel de las autoridades, medios de comunicación, familias y sociedad se incluyan en general las políticas de Buen trato a nivel de las instituciones Educativas en los diferentes niveles de formación. Fomentar la implementación de las competencias genéricas que promuevan los valores de la convivencia pacífica, la gestión ciudadana, para sí permitir el respeto a las diferencias y asegurar una sociedad con Buen Trato y responsabilidad.

**Regina Rodríguez Martínez**
Trabajadora Social

## Importancia del abordaje interdisciplinar en el manejo de los niños y niñas

La implementación de los equipos de trabajo interdisciplinarios (profesionales de medicina, psicología, enfermería y trabajo social) es de fundamental importancia debido a que los profesionales se brindan apoyo mutuo a través de canales efectivos de comunicación, comparten información, toman decisiones conjuntas, planean acciones y proporcionan atención integral.

Además de esto, los enfoques y áreas de desempeño de cada una de las disciplinas o profesiones permiten conocer, evaluar y por obvias razones intervenir sobre el individuo, logrando así un acceso a todas las dimensiones y necesidades del menor.

Es por esto que el grupo de investigación Cuidado dela Salud y la Vida hace extensiva la invitación para que los profesionales de todas las áreas se interesen en conocer de qué manera pueden aportar las diferentes disciplinas y puedan hacer procesos de remisiones, contraremisiones e interconsultas asegurando un mejor bienestar para los niños y niñas que son atendidos.

**María Del Socorro Barraza**
Odontóloga Forense

## ¿Debe educarse a los padres acerca del buen trato?

Como padres, tenemos la gran responsabilidad de generar un clima de buen trato familiar. No obstante, todos alguna vez hemos perdido la paciencia y se nos escapa un grito o una palmada. Estamos en una sociedad que valida la violencia como forma de educación y aún se mantienen creencias que hay que tener a los niños en cintura desde pequeños.

La promoción del buen trato debiera estar presente desde que el niño está en el vientre de su madre. Un niño que ha sido cuidado y protegido desde su gestación, cuenta con mayores posibilidades de enfrentar el mundo con seguridad y tener mejores relaciones con los otros, más que aplicar una receta específica, lo que realmente generará niños no violentos, es el ejemplo de los padres. Si el niño ve que los padres resuelven sus conflictos de manera constructiva y pacífica, el niño también desarrolla ese tipo de estrategia para enfrentar sus propias situaciones.

Esto se puede enseñar desde que son muy pequeños. Los niños tienden a repetir aquellas conductas que son aceptadas por las personas que él más quiere. Cuando un niño ve que los golpes o insultos son conductas no valoradas por sus papás, va a tender a dejarlas. No implica que nunca lo haga, pero lo importante es que no formen parte de su forma habitual de relacionarse con los otros.

El clásico ejemplo del adulto que grita a un niño para que

el pequeño deje de gritar, expone claramente la estrategia equivocada, ya que lo único que se logra es mostrarle al niño que el grito es un recurso válido para resolver problemas y conseguir objetivos. En los estilos de crianza rígidos, autoritarios y castigadores, los niños tienen dificultades para desarrollar un buen trato.

Desarrollar en el niño la capacidad de reflexión sobre sí mismo y empatía con los demás, es fundamental para que los niños se relacionen desde el buen trato no por el miedo a la sanción, sino porque realmente son capaces de visualizar a los otros y reconocer sus necesidades.

**Avelyna Molino**
Nutricionista Dietista

*Proponerse como padres cumplir con el fomento del Buen Trato es más simple de lo que se piensa. Cuando le sonreímos a un niño, cuando lo felicitamos porque hizo algo bien, le decimos que estamos orgullosos de Él, le demostramos que es un ser a quien amamos, lo reconocemos como persona y hacemos una labor preventiva del maltrato. Gestos tan simples tienen un tremendo impacto positivo en su vida.*

## Los progenitores como eje fundamental para el crecimiento y desarrollo del niño

Es fundamental valorar el papel que juega el afecto en el desarrollo de los niños pues éste tiene el fin de mejorar sus relaciones con los otros y fortalecer su desarrollo emocional.

Se ha comprobado que las expresiones de afecto como las palabras cariñosas, caricias, besos, elogios, actos amables, reconocimiento de logros y cualidades, son acciones necesarias para que niños y niñas, tengan un buen crecimiento físico y emocional y puedan mantener relaciones de confianza, seguridad y respeto con los que le rodean.

El demostrar afecto para todas las personas es tan importante como el alimento y el vestido. Una persona que recibe cariño durante su infancia es alguien que podrá conocerse mejor a sí mismo y puede comprender como es y por qué actúa de determinada manera.

Esto le permitirá elegir aquellas actitudes que le agradan y quiere mantener o, bien, esforzarse para cambiar aquéllas que dificultan o lastiman sus relaciones. Por ello, es de vital importancia que los padres le brinden a los niños, una vida agradable a través del afecto.

Las relaciones que se establecen con la familia permiten aprender a expresar y compartir sentimientos de cariño y afecto, lo que se refleja en la convivencia con los amigos y otras personas en la vida adulta.

**Laura De Castro**
Psicóloga Clínica

## Preparación del maestro en las etapas formativas del niño y sus primeros encuentros escolares

Legalmente con la 115 de 1994: Define la Educación Preescolar, Básica y Secundaria, como los niveles de la educación formal y ordena la construcción de lineamientos generales de los procesos curricular; constituyéndose en orientaciones para las Instituciones Educativas del país, en donde la resolución 2343 de 1996 adopta un diseño para el currículo en las Instituciones y la formulación de los indicadores desde las dimensiones desarrollo humano.

Por lo tanto, el docente es un actor importante dentro del proceso ya que su misión es introducir a los niños, niñas y adolescentes al mundo escolar y crear ambientes propicios para nuevos aprendizajes y el logro de su desarrollo integral, orientándolos individualmente, con el grupo, con las familias y la comunidad en los diferentes procesos educativos referentes a la atención educativa con calidad transformativa a la sociedad en general.

*Que el docente aprende a conocer significativamente el conocimiento del mundo que los rodea y el de sus estudiantes a lo largo de la vida.

**María Claudia Vargas**
Enfermera

**Aprender a hacer**

Este se daría fomentado entre los estudiantes el trabajo colaborativo intercambiando información con los demás, la toma de decisiones fomentando los valores del Respeto, Tolerancia, Honestidad; fortaleciendo las relaciones afectivas, recreativas y significativas para todos; enriqueciéndonos culturalmente en los diferentes contextos.

# La detección del maltrato infantil

A continuación, se presentan las principales actividades que debe desarrollar el equipo de salud en cada una de las etapas de la atención y manejo a las víctimas de Maltrato Infantil (MI).

## Actividades del equipo interdisciplinario

a. Establecer estrategias de sensibilización, dirigidas a todos los profesionales de la salud, área administrativa, de oficios varios y vigilancia de la institución de salud.

b. Capacitación del personal que labora en el área de salud, en maltrato infantil, implementando actividades de promoción del Buen Trato y de prevención del mal maltrato.

c. Conocer y difundir las competencias de las instituciones involucradas en la atención jurídica legal y de protección en general a la niñez.

d. Participar en el diagnóstico de casos y realizar un adecuado estudio de los casos para lograr una óptima intervención disciplinaria (incluida la visita domiciliaria para confirmación y seguimiento).

e. Velar por el correcto diligenciamiento de los registros, en los casos de maltrato infantil atendidos, haciendo las remisiones y contraremisiones pertinentes en cada caso, vigilando que los instrumentos de referencia y contrareferencia, sigan el curso adecuado.

f. Orientar e informar a los familiares y al paciente, sobre el proceso de atención; teniendo presente el respeto de la confidencialidad.

g. Elaborar, en conjunto con la familia y el personal de salud, planes integrales de rehabilitación que favorezcan una mejor comprensión y relación con el niño.

h. Notificar a las autoridades competentes, la existencia de un caso de maltrato detectado en el servicio.

**Al realizar la anamnesis de un niño abusado:**

- Escucharlo en un clima de tranquilidad y contención.

- Registrarlo por escrito de manera textual.

- Preguntar de manera general sin inducir respuestas (registrar también las preguntas).

- No culpabilizar (no preguntar qué sintió ante el abuso, por qué no pidió ayuda, por qué no se defendió, etc.)

- Solicitar un examen físico incluyendo genitales realizado por profesionales capacitados en abuso sexual de niños y adolescentes.

- Solicitar interconsultas con equipos interdisciplinarios con formación.

La entrevista debe ser tomada en un lugar reservado y el interrogatorio debe ser abierto, no dirigido, evitando en todo momento emitir juicios sobre lo escuchado, así como las expresiones de rechazo, enojo, desaprobación y / o acusación.

El diagnóstico de abuso sexual en el ámbito de la consulta resulta difícil y raramente se hace sobre la base de signos físicos francos.

Equipo interdisciplinario

## Protocolo de detección y atención a la niñez maltratada en el FHUM

Pretende constituir e implementar un equipo

interdisciplinario de trabajo con profesionales preocupados por la niñez maltratada: medicina, psicología, enfermería, odontología, fisioterapia, fonoaudiología, nutrición, terapia ocupacional y trabajo social), con el objetivo de:

Detectar, manejar y notificar casos de maltrato infantil.

Brindarse apoyo mutuo a través de canales efectivos de comunicación.

Compartir información.

Incrementar y mejorar las estrategias de sensibilización, dirigidas al grupo de profesionales e instituciones en el área de la salud. Fortalecer los controles en la calidad de la atención de esta misma área.

Coordinar y ejecutar la actualización del personal que labora en el área de salud, en el tema del maltrato infantil.

Implementar actividades de promoción del Buen Trato y de prevención, identificando e interviniendo factores de riesgo.

Participar en el diagnóstico de casos y explorar los diferentes tipos de maltrato y sus posibles combinaciones.

Realizar un adecuado estudio de los casos para lograr una óptima intervención disciplinaria (incluida la visita domiciliaria para confirmación y seguimiento).

Orientar, según el caso, la intervención de los profesionales. Hacer las remisiones y contra-remisiones pertinentes en cada caso.

Orientar e informar a los familiares y al paciente, sobre el proceso de atención; teniendo presente el respeto de la confidencialidad. Educar al menor y al adulto responsable, sobre la importancia de cumplir con las prescripciones de cada una de las especialidades.

Elaborar, en conjunto con la familia y el personal de salud, planes integrales de rehabilitación que favorezcan una mejor comprensión y relación con el niño.

Notificar a las autoridades competentes, la existencia de un caso de maltrato detectado en el servicio. Evaluarlo en Red, tanto intra como extra institucionalmente, según su complejidad.

Establecer contactos con Redes extra-institucionales.

Velar por que los instrumentos de referencia y contrareferencia, sigan el curso adecuado.

# Actividades del personal administrativo y de oficios varios

Las actividades del personal administrativo y de oficios varios son las siguientes:

| | |
|---|---|
| Deben participar en talleres de sensibilización y capacitación para la detección y recepción de casos de maltrato | El trato brindado debe expresar ayuda, apoyo solidaridad y respeto |
| Deben tener buena disposición y saber brindar la orientación adecuada. | .Orientar a los padres o cuidadores en la cultura de la no violencia |
| Los porteros, cajeros, aseadores, secretarias y otros empleados, son claves en la recepción de casos de maltrato infantil. Ellos, que son la parte "externa" de la institución, deben brindar un trato amable a las personas que llegan. | |

## Actividades del personal de salud

| | |
|---|---|
| Participar en los procesos de capacitación y actualización que se realicen sobre el tema. | Hacer contacto con el coordinador del programa y la persona afectada. |
| Diligenciar los registros propios del programa. | Comunicar al equipo interdisciplinario cuando se detecten los casos, con el fin de realizar un manejo integral. |
| Detectar oportunamente casos | Intervenir de manera directa en el caso, utilizando los |

| de maltrato. | métodos terapéuticos propios de su profesión. |
|---|---|
| Orientar a los padres o cuidadores en la cultura de la no violencia. | |

**Regina Rodríguez Martínez**
Trabajadora Social

## Todo el equipo de salud debe sospechar sobre la posibilidad de estar frente a un niño maltratado en las siguientes circunstancias

| Circunstancias de sospechas |
|---|
| Discrepancia entre la historia relatada y las características del daño físico (características de las lesiones, localización, antigüedad, etc.) |
| Modificación del relato en sucesivas oportunidades y frente a distintos profesionales, falta de explicación de una lesión, contradicciones frente a nuevos interrogatorios, ausencia de testigos, culpar a otros menores, etc.) |
| Prolongado intervalo entre la ocurrencia de la injuria y la consulta. |
| Historia de traumatismos o accidentes frecuentes tratados en el mismo o en diferentes servicios. |
| Infecciones o intoxicaciones reiteradas sin causa orgánica demostrable. |
| Desaparición de determinados hallazgos semiológicos durante la internación y/o ausencia de su cuidador (hematomas, congestión vulvar, apneas, etc.) |
| Paciente en condiciones no adecuadas de atención médica, higiene, alimentación y/o vestido (en contraste con los recursos de la familia). |

**Equipo interdisciplinario**

# Estos signos de presunción en ocasiones pueden ir acompañados de los siguientes datos semiológicos

Respuesta inapropiada de los padres o cuidadores a las indicaciones de los profesionales de la salud y a los requerimientos del niño.

Paciente cuya conducta y afecto no son los esperados en la circunstancia de la consulta, ej. Extrema pasividad cuando se le deben efectuar procedimientos dolorosos, reacciones de pánico o de defensa corporal frente al acercamiento de un adulto, reacciones violentas.

Temor o rechazo a uno o ambos padres.

Relato del niño (sobre todo en los casos de abuso sexual).

**Laura De Castro**
Psicóloga Clínica

## Intervención del trabajador social

El abordaje de la problemática sobre el maltrato infantil en el país se ha constituido en un fenómeno complejo y difícil, por diversas dimensiones y factores de tipo social, económico, político y cultural. Dejó de ser un tabú, en donde se involucra tanto individuos, grupos y la comunidad en general. Frente a este fenómeno se puede señalar como característica fundamental la aparición de la violencia en Colombia como fuentes generadoras de maltrato de cualquier tipo en niños, niñas y adolescentes.

La intervención y ejecución de procesos y seguimientos en casos de niños maltratados, compete al equipo de salud conocedor de los pasos para detectar, manejar y notificar éstos, quienes en ningún momento deben descuidar la permanente actualización en cuanto a rutas, procedimientos, protocolos y pruebas de custodia, entre otros; para contar con suficientes herramientas de participación en la intervención socio-familiar.

Estos procesos están basados en la Carta Constitucional de 1991, artículos 5, 13, Y del 43 a 145, que otorga un marco legislativo importante, donde se promulga la primacía de los derechos inalienables de la persona y ampara a la familia, niños, niñas y adolescentes, como institución básica de la sociedad.

Es por esto, que el Trabajador Social crea estrategias educativas de Buen Trato tanto para padres, maestros y todo el entorno familiar y social, en búsqueda constante de un cambio de pensamientos y actitudes, generadoras de buenas relaciones como fin último de una mejor calidad de vida y bienestar para la familia y nuestros niños, quienes son el futuro colombiano.

**Regina Rodríguez Martínez**
Trabajadora Social

# Intervención del terapeuta ocupacional

El rol del Terapeuta Ocupacional en el área de maltrato infantil es múltiple.

Puede desarrollar grupos de apoyo o de información individualizada para promover la adquisición de destrezas y habilidades propias de la edad.

Con las capacitaciones el terapeuta ocupacional ayuda a reconocer a los padres las capacidades que tienen sus hijos y a comprender, responder adecuadamente a sus señales e indicios.

Con el plan terapéutico se puede llevar una evaluación detallada de los comportamientos del desarrollo funcional y adaptativo que en el niño estén fallando, y así poder identificar aquellas necesidades específicas. A través del juego podemos detectar si el niño ha sido maltratado, ya que se observa déficit en el desarrollo del juego o en la imitación de éste, de igual forma, nos permite intervenir favoreciendo habilidades sociales y la canalización de sentimientos negativos.

Se asiste a los cuidadores de los niños indicando nuevas estrategias en momentos de tensión emocional.

En cuanto a la realización de actividades de autocuidado también se entrenan para la ejecución independiente de estas en caso de no poseer las habilidades y se direccionan la estipulación de hábitos y rutinas saludables para el adecuado desarrollo del niño.

La intervención de Terapia Ocupacional también debe ser dirigida al ambiente escolar, ya que por lo general los niños víctimas de maltrato presentan una disfuncionalidad en esta área sugiriendo a docentes la creación de espacios más amplios y libres que favorezcan la libre expresión y la exploración.

**Diana Bravo**
Terapeuta Ocupacional

## Intervención del fisioterapeuta

El fisioterapeuta como profesional de la salud, puede y debe tomar acciones tanto en el campo de la promoción, como en el área de intervención de las discapacidades motoras que puede ocasionar el maltrato infantil. El desarrollo motor, se refiere a la adquisición de capacidades como caminar, saltar, correr, equilibrarse, que sigue un ritmo muy predecible durante la infancia.

Las diferentes formas de maltrato infantil como agresiones físicas, inadecuada alimentación, abandono de los padres, condiciones inadecuadas de salud, falta de estimulación entre otras, pueden repercutir en el desarrollo motor de los niños conllevando a alteraciones físicas, presentando en muchas ocasiones pérdidas en las funciones adquiridas, en la no adquisición de éstas y/o retraso en sus habilidades aumentando los índices de morbilidad, discapacidad y mortalidad infantil.

Los niños víctimas de violencia intrafamiliar presentan un retraso en su desarrollo, estando por debajo del percentil 3 en las curvas de crecimiento, por otra parte, los niños y adolescentes con algún grado de discapacidad tienen características que los hacen vulnerables y les ponen riesgo de sufrir alguna forma de MI.

El fisioterapeuta realiza promoción de la salud, siendo parte fundamental en los programas de Psicoprofilaxis, de crecimiento y desarrollo, y cultura del buen trato y protección al menor, escuela de padres. En los jardines escolares, escuelas y colegios; e intervención cada vez que se detectan los casos de maltrato infantil que repercutan en el movimiento corporal humano del niño y/o adolescente.

**Carmen Acuña**
Fisioterapeuta

## Intervención de enfermería

La práctica de la Enfermería contempla el maltrato como una situación extrema, en ocasiones que los niños deben ser asistidos por los servicios de protección infantil.

En su quehacer identifica: familias recidivantes, poblaciones de alto riesgos, el desempleo y la prematuridad. Las familias con estas características representan un riesgo de desprotección infantil.

La enfermería basa su proceso de atención en un plan de cuidados en el cual se logra un estrecho y continuo contacto con el niño y familia, donde la participación es activa y responsable de la siguiente manera:

- Niño-familia.

- Salud familiar-familia vulnerable

- Visita domiciliaria como herramienta óptima de prevención y canalizadora de actuaciones específicas.

- Fomento de autoestima materna

- Valoración de recursos materiales y familiares utilizando el plan de cuidados del recién nacido y familia.

El cuidado de enfermería es una ciencia en continua evolución donde se utiliza el PAE y la interdisciplinariedad para abordar el maltrato en niños, niñas y adolescentes.

**María Claudia Vargas**
Enfermera

# Intervención del fonoaudiólogo

La fonoaudiología es una profesión que aborda la comunicación humana normal y/o desordenada, en diferentes grupos poblacionales, desarrollando para tal fin acciones y actividades en todos los niveles de atención, es así como en los menores maltratados los profesionales en esta área realizan.

A nivel de prevención y promoción actividades

encaminadas a disminuir las alteraciones de la comunicación en los niños desde el nacimiento hasta la adolescencia con programas desarrollados a partir de la realización de talleres, conferencias, entre otros.

En detección temprana se aplican barridos y tamizajes en las áreas de lenguaje, audiología y habla, teniendo en cuenta las edades de los niños, con el fin de evitar posibles alteraciones.

En intervención individual se ejecutan acciones de evaluación, diagnóstico y tratamiento en la población que presentan alteraciones comunicativas.

**Luz Estela De la Cruz**
Fonoaudióloga

## Intervención del nutricionista dietista

La alimentación saludable y nutritiva desde la concepción ayuda a fomentar un estilo de vida saludable, es por ello que desde el nacimiento al niño hay que suministrarle una completa, equilibrada, suficiente, y adecuada alimentación, cuando el niño tiene algún tipo de maltrato o es testigo de violencia familiar, este afectará su desarrollo y crecimiento.

La nutrición de los niños se inicia desde la gestación, si una madre gestante es víctima del castigo físico o verbal, es probable que el niño no tenga la posibilidad de desarrollarse armónicamente ni de manera integral. La malnutrición temprana, ya desde el período fetal, puede conducir a resistencia insulínica y diabetes mellitus es de los 50 años.

Además, condiciona el desarrollo cerebral, crecimiento corporal, alteración de la masa muscular y programación metabólica, menor capacidad cognitiva y rendimiento escolar alterando su capacidad intelectual. Los primeros tres años de vida es una etapa única e irrepetible para el desarrollo físico e intelectual de una persona; garantizar una buena nutrición es responsabilidad del padre y la madre, y va acompañada de una alimentación balanceada, controles de salud, higiene y afecto.

La inadecuada alimentación produce desnutrición proteico-calórica generando déficit en el peso, un retraso en la talla y la alta incidencia de enfermedades infecciosas.

El peso al nacer es un indicador de crecimiento porque refleja indirectamente el estado nutricional materno y es un determinante de la mortalidad y morbilidad infantil.

**Avelyna Molino Torres**
Nutricionista Dietista

# Intervención del psicólogo

De acuerdo a los perfiles epidemiológicos del mes de septiembre del 2010, del Servicio de Psicometría y Rehabilitación de la Fundación Hospital Universitario Metropolitano FHUM, se reportan maltratos en los niños, los padres reconocen sentir temor, vergüenza, repetir parámetros de educación y/o desconocimiento de las pautas de crianza adecuado según las etapas de crecimiento del niño. Y en la mayoría de los casos, los niños se observan inseguros, tristes, temerosos y sienten poco aprecio por sí mismos, en ocasiones suelen tener conductas de agresividad e irritabilidad.

En la intervención psicológica de primera instancia se abarca la asistencia inmediata, y de modo usual, se lleva una sola sesión. Lo primordial es proporcionar apoyo, reducir el peligro de muerte y enlazar a la persona en crisis con los recursos de ayuda, mediante:

- Capacidad para establecer contacto psicológico (empatía).

- Examinar las dimensiones del problema.

- Explorar las posibles soluciones y ayudar a tomar una decisión correcta.

- Registrar el progreso a través de un seguimiento.

ESTRATEGIAS RECOMENDADAS:
* Demostrar atención e interés.
* No ejercer presión para que hable.
* Proponer o propiciar juegos, y juegos de roles o dramatizaciones
* Si es grupal: Dibujos y modelados, historias, relatos, cuentos, fantasías, títeres, máscaras, teatro, danza, música, etc.
* Técnicas de relajación, protocolo de intervención con familiares, dinámica y técnicas participativas e integración familiar.

**Laura De Castro**
Psicóloga Clínica

# Intervención del odontólogo

La Odontología como ciencia de la salud, juega un rol importante dentro de la problemática del Maltrato Infantil, teniendo en cuenta que la relación odontólogo paciente permite diagnosticar signos clínicos y radiológicos que indican claramente que un niño está siendo maltratado físicamente o abusado sexualmente.

El 65% de los casos de maltrato infantil se reflejan en lesiones localizadas en la cabeza, cara, boca y cuello, áreas fácilmente observadas por los Odontólogos.

El Odontólogo debe ser parte activa de un equipo interdisciplinario e interinstitucional necesario para atender la problemática del maltrato infantil.

La detección del maltrato infantil, el Odontólogo la realiza por medio de: Historia Clínica, examen extraoral, examen intraoral y por pruebas complementarias; debiéndose evaluar no sólo las lesiones orales y periorales, sino también su comportamiento, su entorno familiar, nivel sociocultural, etc. Con el fin de efectuar la debida detección y notificación del caso.

Las caries dentales, enfermedades periodontales y otras condiciones orales, si no están tratadas pueden conducir al dolor, a la infección y a la pérdida de función. Estos resultados indeseables pueden afectar al aprendizaje, a la comunicación, a la nutrición y otras actividades necesarias para el crecimiento normal y desarrollo.

Reconocer negligencia dental es importante porque en muchos casos está asociada con negligencia general.

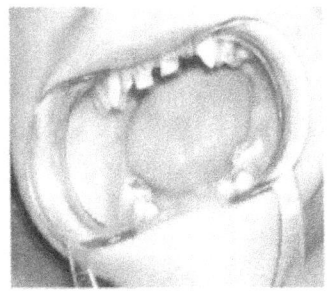 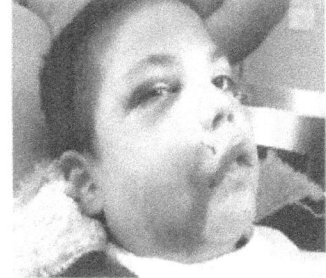

Por lo tanto, al considerar que el modelamiento estratégico

tiene como base el análisis y una dosis de intuición, representa un punto de equilibrio en los procesos, por su flexibilidad para permitir y en ciertos momentos forzar modificaciones en lo planificado a fin de responder a los cambios que se puedan producir.

**María Del Socorro Barraza**
Odontóloga Forense

## Conclusiones

Cualquier persona en contacto con los niños y los adolescentes (profesores, psicólogos, terapeutas, trabajadores sociales, médicos, entrenadores deportivos, líderes juveniles etc) deben recibir formación para aprender a detectar posibles signos y síntomas que den muestra de maltrato y abuso infantil.

La confirmación de la sospecha deben hacerla profesionales con formación en el tema.

Los casos en que se sospecha que el abuso es cometido por un familiar conviviente o por una persona conocida que tiene fácil acceso al menor, deben ser informados a las autoridades de inmediato.

Siempre se debe denunciar una sospecha que será investigada y validada por quienes la autoridad designe.

Se recomienda que la validación del diagnóstico se realice sin que el menor tenga contacto con el supuesto ofensor durante el tiempo que demande la toma de entrevistas.

La validación del diagnóstico de abuso sexual no requiere entrevistar al supuesto ofensor. En caso de tomar contacto con él o con ella se recomienda que sea después de haberse tomado las medidas cautelares.

El diagnóstico de abuso sexual se hace en base a la sumatoria de indicadores físicos y psicológicos específicos e inespecíficos.

El indicador más específicamente relacionado con el abuso sexual en niños y adolescentes es el relato de la víctima.

Menos del 50 de los menores abusados presentan lesiones físicas.

**Regina Rodríguez Martínez**
Trabajador Social

# Referencias

BARRAZA SALCEDO, María del socorro et al. Es tu paciente víctima de maltrato infantil. Instituto Nacional de Medicina Legal y Ciencias Forenses Regional Norte. Universidad Metropolitana. Barranquilla, 1998 p. 15.

BRAVO, D. RODRÍGUEZ M R. BARRAZA, M. y otros. Trabajo de investigación "Detección, manejo y notificación del menor maltratado o en riesgo de serio que acude a la FHUM, Barranquilla, 2009.

CONETS. Un modelo jurídico social de intervención con la familia y el menor. Consejo Nacional de Trabajo Social. Cali, Colombia

FORERO, E. Directora Instituto Colombiano de Bienestar Familiar

GARCIA PIÑA, Corina; LOREDO ABDALA, Arturo; PEREA MARTINEZ, Arturo. La discapacidad y su asociación con maltrato infantil. Acta Pediátrica. México ,2009.30 (6) 322-6.

MINISTERIO DE PROTECCIÓN SOCIAL. Decálogo del Buen Trato.

MUÑOZ, Diana Isabel. Maltrato infantil. Un problema de Salud Pública. Facultad de Salud. Universidad del Cauca, 2006.

NEDDLEMAN, Howard L., "Orofacial Trauma in Child Abuse: Types Prevalence, Management and the Dental Professions

Involvement", Pediatric Dentistry, vol. 8, edición especial, mayo 1986, pp. 71-79.

Secretaria General de las Naciones Unidas. Estudio sobre la violencia contra los niños. Bogotá 2004.

# Capítulo IV. Pautas del Buen Trato ante el Abuso Sexual en niños y adolescentes

## Presentación

El abuso sexual infantil ha existido en todas las épocas y culturas, es un problema social, médico y psicológico que afecta profundamente a personas de ambos géneros, sin embargo según las estadísticas actuales, se presenta más en las niñas que en niños, en todas las razas, estratos socioeconómicos y religiones, tienen la misma incidencia en cuanto a las víctimas de este tipo de situaciones.

Sin embargo, con la experiencia se ha establecido que el buen trato es un generador de cambios en la familia y en la prevención del abuso sexual, es por esto, que el Grupo Cuidado de la Salud y la Vida elabora el libro del Buen Trato como herramienta para ayudar a educadores y familias, a orientar y preparar a niños y jóvenes en la aventura de la vida para que avancen armoniosamente en su crecimiento y desarrollo.

## Autores

Regina Rodríguez Martínez, Investigador principal, Programa de Trabajo Social.

Carmen Acuña Castilla, Programa de Fisioterapia

María del Socorro Barraza, Programa de Odontología

Diana Bravo Serrano, Programa de Terapia Ocupacional

Laura De Castro, Programa de Psicología

Luz Estela De la Cruz Imitola, Programa de Fonoaudiología

Avelyna Molino Torres, Programa de Nutrición

Ángela Quijano Rueda, Programa Trabajo Social

María Claudia Vargas Vásquez, Programa de Enfermería

## Ilustraciones

Rosemary Paola Estarita Rodríguez

## ¿Qué es el abuso sexual?

Cualquier clase de placer sexual con un niño por parte de un adulto. No es necesario que exista un contacto físico (en forma de penetración tocamientos) para considerar que existe abuso, sino que puede utilizarse al niño como objeto de estimulación sexual.

Se incluye aquí el incesto, la violación, la vejación sexual (tocamiento/manoseo a un niño con o sin ropa, alentar, forzar o permitir a un niño que toque de manera inapropiada al adulto), seducción verbal, solicitud indecente, exposición de órganos sexuales a un niño para obtener gratificación sexual, realización del acto sexual en presencia de un menor, masturbación en presencia de un niño, pornografía, etc.

# Características del abuso sexual

Acción en donde el agresor aprovecha su posición de autoridad para involucrar a un infante en

Presión, engaño y uso de la fuerza física, por parte del agresor para intimidar al niño y lograr su objetivo.

El abuso sexual infantil no permite tener voluntad o libertad de decisión; las víctimas de dicho fenómeno, generalmente tienen edades que oscilan entre 8 y 12 años de edad, la edad de riesgo es de 6 a 7 años.

Cuando el niño es menor de 12 años y establece relación con otra persona mayor que el por 5 años de edad; si el niño supera los 12 años, la diferencia es de 10.

## Síntomas del abuso sexual

1. Vergüenza y culpa

2. Aspectos controvertidos de la sociedad contemporánea como la sexualidad, el poder, los

valores y actitudes hacia la infancia.

3. Alteración de sus percepciones, emociones, autoimagen, visión del mundo familiar y de sus propias capacidades afectivas.

4. Cambio en los comportamientos abusivos desde un ambiente protector, a uno abusivo y sexualizado.

5. Síntomas psicosomáticos: miedos, fobia, terrores nocturnos, enuresis, amenorreas, anorexia y conductas autodestructivas, psicodependencias, automutilación, e incluso el suicidio.

6. Reducción del contacto con el mundo exterior: conductas evocativas como la resistencia a salir, detención de los juegos espontáneos y la pérdida de interés por actividades que antes eran gratificantes para la víctima.

7. Caída brusca en el rendimiento escolar, trastornos de aprendizaje, de concentración y de atención.

8. Conductas erotizadas como seducción inapropiada sexualización de las relaciones afectivas, dificultad para buscar pareja o compañero.

9. Retraimiento y conductas regresivas, lenguaje inapropiado para la edad, masturbación precoz y exacerbada, promiscuidad y prostitución.

10. La comunicación dentro de la familia para garantizar la supervivencia es mantener en secreto incomunicable la vivencia en cuestión por lo cual la víctima.

## Detección del abuso sexual

Existen muchos indicadores tanto físico como comportamentales que manifiestan el sufrimiento y la ansiedad que un niño abusado presenta.

| Indicadores | Es común, que muchos de estos niños pierdan el apetito, disminuyan académicamente en el colegio, rechacen a sus padres, se resistan a bañarse o desnudarse, se aíslan socialmente y presenten conductas agresivas, no solo con otras personas sino también con ellos mismos. Además pueden presentar golpes y/ o quemaduras. |
|---|---|
| Padres en consulta | Aunque los padres no saben que su hijo fue abusado, notan como de un momento a otro el niño rechaza caricias o cualquier tipo de contacto físico; es muy frecuente, que los niños abusados presenten conductas seductoras y precoces para su edad, en donde hay un conocimiento sexual inadecuado con respecto a su desarrollo evolutivo. |
| Víctimas | Las víctimas de abuso pueden presentar manifestaciones a las cuales los padres deben estar atentos, como dificultades al orinar o hacer deposiciones, contagiarse de enfermedades de transmisión sexual de un momento a otro y hasta manifestar conductas infantiles como chupa dedo, tener pesadillas infantiles, entre otras. |

P
as
os
pa
ra
pr

## evenir el abuso sexual

**1. Conozca los hechos:** los padres son los responsables de los hijos y son los que deben estar en alerta para evitar que pueda darse una situación de abuso. Una tercera parte de las víctimas son abusadas por miembros de su familia y esto, significa que el riesgo principal proviene de las personas más cercanas. Los abusadores suelen tratar de establecer una relación de confianza con los padres de las víctimas y debemos tener en cuenta que cualquiera puede serlo.

**2. Reduzca los riesgos:** el abuso infantil ocurre cuando un adulto está a solas con el niño. Debemos tratar de conocer a la persona con quien se queda e intentar que puedan ser observados por otras personas. Internet es una gran puerta de entrada para los abusadores, debemos supervisar el uso que puedan hacer los hijos de la red.

**3. Hable sobre el tema:** los niños suelen mantener el abuso en secreto. Los abusadores manipulan y confunden a los niños para que crean que la culpa es de ellos o que lo que están haciendo es algo normal o un juego, pueden amenazar al niño o incluso amenazarle con hacer daño a otras personas de su familia. Hablar con los niños sobre el abuso, adaptando nuestro diálogo a su edad puede hacer que se elimine la barrera del silencio.

**4. Manténgase alerta:** Se debe valorar con detenimiento las señales físicas como irritación, inflamación o sarpullido en los genitales, infecciones de vías urinarias, etc. Y otros problemas como dolor abdominal o de cabeza fruto de la ansiedad. De manera más habitual surgen problemas emocionales o del comportamiento tales como retraimiento o depresión, exceso de autoexigencia, rabia y rebeldía inexplicables, un comportamiento y lenguaje abiertamente sexual y atípico para la edad pueden ser también signos de alarma.

**5. Infórmese, sepa reaccionar:** responder ante la verdad expresando incredulidad o rabia y enfado puede hacer que el niño intente justificar la acción, que cambie la versión o que evite preguntas y diálogos que vuelvan sobre el tema.

**6. Actúe cuando tenga sospechas:** las sospechas dan miedo, pero pueden ser la única oportunidad de un menor de salvarse (o de varios menores, los abusadores tienen varias víctimas). Si no nos atrevemos a denunciar podemos contactar con los servicios sociales, con los servicios de protección al menor, con el centro de salud, etc.

**7. Involúcrese:** podemos luchar contra el abuso, por ejemplo, apoyando leyes y organizaciones que luchen contra el abuso sexual a los menores.

**Carmen Acuña**
Fisioterapeuta

# La explotación sexual

La Explotación Sexual es una actividad ilegal mediante la cual, una persona mayoritariamente mujer o menor de edad, es sometida de forma violenta a realizar actividades sexuales sin su consentimiento, por la cual, un tercero recibe una remuneración económica.

Este delito está vigente hoy en día en todos los rincones del mundo favoreciendo así la trata de personas, principalmente mujeres, mediante el cual redes de criminales secuestran a niñas y las explotan hasta que no resultan atractivas sexualmente.

Es muy importante plantear que no todas las razones por las cuales los padres y madres de los niños (as) dicen que sus hijos trabajan son de orden económico. Más aun, en ocasiones se observa una diferencia entre los argumentos de las madres: los de los padres, tienden a ser con más frecuencia de orden económico; los de las madres, tienden a ser de orden social o cultural.

- El trabajo infantil suele interferir con la educación.

- Muchos niños y niñas abandonan sus escuelas o sus centros de formación y luego se dedican a trabajar.

- Quienes durante la infancia y la adolescencia alternan trabajo y estudio, suele terminar abandonando su educación y formación profesional.

- Los resultados en rendimiento o logro escolar de niños y niñas que trabajan son generalmente más bajos que los de aquellos que no trabajan.

- Niños y niñas que trabajan tienen menores oportunidades de recrearse y socializarse con sus compañeras y compañeros de edad, lo cual repercute negativamente en su desarrollo.

- Bajos niveles educativos y escasa o nula formación laboral ocasionan, a la larga, perjuicios a la economía de las personas y disminuyen sus posibilidades de movilidad social.

> Si un niño vive con tolerancia, aprenderá a ser tolerante. Si un niño vive con estimulo, aprenderá a confiar en el mismo. Si un niño vive alabado, aprenderá a apreciar. Si un niño vive con honradez, aprenderá a ser justo. Si un niño vive con seguridad, aprenderá que es fe. Si un niño vive con aprobación, aprenderá a quererse a sí mismo. Si un niño vive con cariño y afecto aprenderá a dar AMOR a los demás.

## El buen trato como método de prevención del abuso sexual

Es tener la alegría y la disponibilidad de tiempo y espacio para compartir con los hijos y la pareja, estar pendiente de ellos, conversar, jugar y pasear, viéndolos crecer y desarrollarse. Y así, en esa relación cotidiana acontece el milagro de amar y ser amados y se construye entre todos un vínculo afectivo sólido.

Uno de los aspectos más importantes en la vida de los seres humanos es el fortalecimiento del vínculo afectivo entre la familia. Por tanto, es fundamental promover en ella la cultura del buen trato, es decir, de la tolerancia, del respeto a la diferencia, del espacio para el diálogo y el respeto por los diferentes punto de vista.

El buen trato, por tanto, es consecuencia del afecto y de una buena salud emocional y mental de todos los miembros de la familia, y se expresa por medio de la presencia que acompaña, del contacto con la piel, los abrazos, las miradas, los gestos y las conversaciones.

Un niño al que se le brinda buen trato expresa cotidianamente las siguientes emociones y opiniones:

Soy feliz porque amo y me siento amado y valorado por mis padres, mis hermanos, mi familia, amigos, vecinos y en el centro educativo.

Me llaman por mi nombre, me escuchan, reconocen mis cualidades, mis logros y esfuerzos y me lo dicen espontáneamente.

Me siento contento al llegar a casa o a la escuela.

Puedo opinar y discutir sobre cualquier aspecto, y cuando estoy en dificultades reconocen mi estado de ánimo.

Nunca me ridiculizan o rechazan haciéndome sentir mal si me equivoco.

Mi familia y mis profesores saben dónde estoy y me cuidan en la casa, en la calle o cuando estoy en el parque o de paseo.

En mi familia todos nos tratamos bien, puedo hablar sobre cualquier cosa que me pasa, y me escuchan y me dan ejemplo al solucionar pacíficamente los conflictos.

El buen trato y el afecto son las herramientas propicias para lograr el bienestar de la niñez y la juventud, de la familia y de la sociedad, esta es una labor que debemos llevar a cabo.

La familia debe apoyar al niño en la formación de hábitos, como los de aseo, alimentación, sueño, lectura, música y otros.

La vida en familia con un hijo debe facilitar el juego, como medio para que siga descubriéndose, para madurar física y emocionalmente, para aumentar el nivel de conciencia de sí mismo y del otro y para resolver problemas.

Es muy importante que la familia promueva el respeto por el niño. Los niños que no son aceptados como son pueden intentar proezas para llamar la atención de su familia y para buscar aprobación, provocando con frecuencia accidentes o irrespetando a otros o a sí mismos.

Mami, por favor, un pedazo de pan!, dice el niño, si, dice la madre y corta un pedazo para el niño. Mami, por favor, léeme una historia. Más tarde, ¿Por qué más tarde?, pregunta el niño. Escucha, dice la madre, ¿no oyes nada? Y entonces el niño se calla y escucha: mami, por favor lávanos, dicen los zapatos. Mami, por favor, remiéndanos, dicen las medias. Mami, por favor, bárreme, dice la habitación. Mami, por favor, ve a buscar la leche, dice la jarrita. Oh que espantoso ruido. El niño se tapa los oídos. Entonces la madre dice: Así estamos todo el día. Ahora el niño dice: jarrita, ven, ayudaremos a mama. Iremos los dos a buscar la leche.
Bruno Bettelheim.

Se deben mantener, además, unos límites claros con el medio social y con el resto de la familia. Con frecuencia, muchas dificultades familiares se producen por la intromisión de un miembro de la familia extensa o de amigos en la relación de la pareja o en la de los padres con los hijos, creando malestar e inconformidad.

Debemos recordar que la familia es una pequeña comunidad democrática en la que todos tenemos derechos y deberes, además de oportunidades para realizar nuestros proyectos.

## Educación hacia la Sexualidad

Es necesario que tengamos en cuenta estas reglas básicas para conversar sobre todas las realidades de la vida, incluida la sexualidad:

| |
|---|
| Debemos escuchar con atención, enterándonos con precisión que quieren saber el niño o la niña. |
| Debemos responder con naturalidad y sinceridad, utilizando ejemplos de la vida cotidiana con palabras sencillas. |
| Se trata de trasmitir no solo información, sino también valores y sentimientos que les permitan desarrollar actitudes adecuadas. |
| No temamos decir no sé. Podamos tomarnos un tiempo para consultar y entonces volver a hablar sobre el asunto. |

Muchos padres se angustian por los juegos sexuales de sus hijos con otros niños y en ocasiones juzgan estas primeras experiencias como conductas perversas, siendo en realidad procesos necesarios de exploración y maduración, siempre y cuando ocurran entre niños de la misma edad.

93

Es importante aclarar que el despertar de la sexualidad no genera en el futuro conductas de promiscuidad u otros comportamientos de riesgo que preocupan a los padres. Cuando un padre descubre a su hijo en estos acercamientos sexuales, como por ejemplo, observando una revista con contenido pornográfico, la conducta más adecuada es orientarlo, actuar con naturalidad, hablar con franqueza, escucharlo y expresarle su opinión al respecto.

La educación sexual es una parte importante de la educación afectiva, y es una función que corresponde, ante todo, a los padres, por lo que es una muestra de irresponsabilidad delegar exclusivamente la formación e información sexual de nuestros hijos en los maestros, pero también sus prejuicios y traumas.

La sexualidad se debe vivir con alegría y responsabilidad, haciendo de nuestros hijos e hijas seres felices, capaces de vivir su sexualidad como fuente de afecto, placer y comunicación, en un ambiente de igualdad entre hombres y mujeres.

## Manejo de evidencias de delitos sexuales en el sector salud

La violencia sexual es definida como un evento de interés en salud pública por su impacto sobre el individuo, su familia y la sociedad.

En el ámbito nacional, la violencia sexual es priorizada como un evento de interés en salud pública (Acuerdo 117 del Ministerio de Salud, Resolución 412 de 2000, Política Nacional en Salud Sexual y Reproductiva), por lo cual, debe ser objeto de atención oportuna y seguimiento, de tal manera que se garantice su control y la reducción de las complicaciones evitables.

El Sector Salud debe brindar una atención integral mediante acciones en bien de las personas víctimas de violencia sexual, sin alterar las pruebas necesarias para el proceso de justicia.

Las Instituciones Prestadoras de Servicios de Salud, públicas y privadas, deben garantizar la disponibilidad de los elementos necesarios para la toma de muestras y evidencias, y la cadena de custodia en la atención integral a víctimas de violencia sexual (Resolución 412 del 2000, Ley 906 del 2004, Nuevo Código de Procedimiento Penal Colombiano, Circular 022 de 2007). Así mismo, la atención multidisciplinaria a la víctima de Violencia.

Las acciones del servicio de salud deben estar orientadas a prevenir, diagnosticar y tratar la Violencia Sexual, ya que ésta se constituye en un problema de salud pública y de desarrollo humano.

Todos los servicios, deben estar preparados para brindar atención de acuerdo a sus capacidades resolutivas y/o para referir, en caso necesario, a servicios de salud de tercer nivel.

Desde las primeras 72 horas de ocurridos los hechos, la atención a la víctima de delito sexual en estos casos constituye una urgencia médico-legal y de salud. Sin embargo, después de este lapso no es raro encontrar lesiones o evidencia traza o biológica potencial; en cada caso se debe evaluar la pertinencia de la toma de muestras sin perjuicio de la realización del resto del examen. [2]

Es frecuente encontrar en la ropa elementos o fluidos del agresor que van a ser utilizados como elementos físicos de prueba: pelos, manchas (semen, sangre, etc.) y evidencia traza proveniente de la escena, así como alteraciones que orienten sobre la manera cómo ocurrieron los hechos (orificios, rupturas, desgarros, salpicaduras, etc.). En caso de recibir las prendas de vestir que llevaba puesta la Víctima el día de los hechos aportadas por la misma en el momento del examen médico-legal, éstas deberán ser recolectadas, preservadas y almacenadas, en condiciones adecuadas y con los respectivos registros de cadena de custodia [3]

En resumen, se debe garantizar de forma permanente la disponibilidad de elementos para la toma, embalaje y rotulado adecuado de evidencias.

Así como los formatos de registro básicos: historia clínica, hoja de registro de cadena de custodia, formatos de ficha SIVIM. Así mismo, definir y garantizar el eficaz trámite a los laboratorios de las muestras solicitadas en la búsqueda de embarazo e infecciones de transmisión sexual, y los mecanismos para su envío rápido oportuno y adecuado; la recepción de resultados y la adecuada forma de hacer llegar los reportes a la víctima, al médico tratante y al Sistema de Justicia. Es fundamental, designar un lugar adecuado para el almacenamiento transitorio de los elementos, materia de prueba o evidencias y definir claramente los responsables de estos almacenes. Al igual que definir rutas de comunicación claras con la Policía Judicial, para que esta institución haga la recepción pronta y oportuna de las evidencias.

Atender con calidad y oportunidad permite impactar positivamente en la vida de estas personas y de cumplir con las responsabilidades que como seres humanos, profesionales y como sector se tiene ante las víctimas de violencia sexual.

# Referencias

LONDOÑO SOTO, B. El arte de criar hijos con amor. Guías de crianza. Instituto Colombiano de Bienestar Familiar (ICBF).

RAMIREZ GALVIZ, V. Trabajando sobre el trabajo infantil y juvenil. Editorial dimension educativa.

CAIVAS.

URREGO-MENDOZA, Z., "Las invisibles: una lectura desde la salud pública sobre la violencia sexual contra niñas y mujeres colombianas en la actualidad" en Revista Colombiana de Obstetricia y Ginecología, 58(1), pp. 38-44, 2007.

Instituto Nacional de Medicina Legal y Ciencias Forenses, Reglamento técnico para el abordaje integral forense de la víctima en la investigación del delito sexual, versión 01, noviembre del 2002.

LENCIONI L.J. "Los delitos sexuales" Ed. Trillas. México.

2002

Instituto Nacional de Medicina Legal y Ciencias Forenses, Forensis 2006: Datos para la vida, Bogotá, 2007.

Instituto Nacional de Medicina Legal y Ciencias Forenses. "Impacto del reenfoque forense en la atención de los delitos sexuales". En: "Abriendo Puertas a un Nuevo Concepto de Contribución Forense a la Investigación Judicial en Colombia", 2001.

# Capítulo V. Maltrato Escolar

## Presentación

El acoso escolar, bulling o matoneo es un fenómeno cotidiano en el que intervienen factores asociados a sus orígenes, contexto social y cultural, familiar, socioeconómico y de la institución escolar.

Su estudio requiere el conocimiento del contexto que evidencia los aspectos que inciden de manera directa e indirecta en su aparición y desarrollo en niños, niñas o adolescentes.

Para su abordaje adecuado se analiza: Primero, comprender el acto violento. Segundo, abordar el acoso escolar desde diferentes enfoques para evidenciar la existencia de varias perspectivas de resultados estadísticos, sus orígenes, actores, manifestaciones y consecuencias.

La actitud y actuación de los acosadores, víctimas y espectadores dan al acoso escolar apreciaciones de niños, niñas y adolescentes que constituyen el trasfondo y ayudan en la comprensión de esta problemática en el ambiente escolar.

Este fenómeno en Colombia y en la costa Caribe retoma de las diferentes investigaciones y estudios que inicialmente enmarcan los orígenes y manifestaciones desde la década de 1990.

Lo anterior, partiendo de las voces de implicados que evidencian la necesidad de indagar profundamente, las narrativas de las víctimas, acosadores y espectadores, sin olvidar otras voces, como las de los padres, maestros, compañeros y amigos de los estudiantes.

El abordaje oportuno desde profundos matices permite conocer de forma integral las manifestaciones e implicaciones que tiene la práctica del acoso escolar para las comunidades educativas.

## Autores

Regina Rodríguez Martínez, Investigador principal, Programa de Trabajo Social.

Daniel Acosta Osio, Programa de Medicina

Carmen Acuña Castilla, Programa de Fisioterapia

Diana Bravo Serrano, Programa de Terapia Ocupacional

Laura De Castro Laurens, Programa de Psicología

Luz Estela De la Cruz Imitola, Programa de Fonoaudiología

Avelyna Molino Torres, Programa de Nutrición

María Claudia Vargas Vásquez, Programa de Enfermería

Ángela Quijano, Coordinación de Investigación Formativa

## Ilustraciones

Rosemary Paola Estarita Rodríguez

## ¿Qué es el acoso escolar?

- Hostigamiento escolar
- Matonaje escolar

- Matoneo escolar

- Bullying (término inglés). Cualquier forma de maltrato psicológico, verbal o físico producido entre escolares en reiteradas veces por largo tiempo.

El tipo de violencia dominante es el emocional y se da

mayoritariamente en el aula y patio de los centros escolares.

Los protagonistas suelen ser niños y niñas en proceso de entrada en la adolescencia (11-13 años), siendo ligeramente mayor el porcentaje de niñas en el perfil de víctimas.

El acoso escolar es una especie de tortura, metódica y sistemática, en la que el agresor asume a la víctima, a menudo con el silencio, la indiferencia o la complicidad de otros compañeros.

El sujeto maltratado queda expuesto física y emocionalmente ante el sujeto maltratador, con una serie de secuelas psicológicas; vive aterrorizado con la idea de asistir a la escuela y se muestra muy nervioso, triste y solitario en su vida cotidiana.

En algunos casos, la situación puede acarrear pensamientos sobre el suicidio e incluso su materialización.

**Laura De Castro**
Psicóloga

## Objetivos de la práctica del acoso escolar

El objetivo de la práctica del acoso escolar es: intimidar, apocar, reducir, someter, amedrentar y consumir, emocional e intelectualmente, a la víctima.

Con el fin de obtener algún resultado favorable para quienes acosan o satisfacer una necesidad imperiosa de dominar, someter, agredir, y destruir a los demás.

En ocasiones, el niño que desarrolla conductas de hostigamiento hacia otro busca, mediante el método de «ensayo-error», obtener el reconocimiento y la atención de los demás, llegando a aprender un modelo de relación basado en la exclusión y el menosprecio de otros.

**Diana Bravo Serrano**
Terapeuta Ocupacional

# Tipos de acoso escolar

### Bloqueo social

Las prohibiciones de jugar en grupos, de hablar o comunicar con otros, o de que nadie le hable o se relacione con él, son indicadores que apuntan un intento por parte de otros de quebrar la red social de apoyos del niño y bloquean socialmente a la víctima.

De la misma manera acciones de meterse con la víctima para hacerle llorar. Con ello se busca presentar al niño socialmente, como alguien flojo, indigno, débil, indefenso, estúpido.

El acoso escolar es el más difícil de combatir en la medida que es una actuación muy frecuentemente invisible y que no deja huella.

### Hostigamiento

Agrupa conductas de acciones acoso psicológico que manifiestan desprecio, el odio, la ridiculización, la burla, la falta de respeto y desconsideración por la dignidad del niño.

También causan menosprecio, asignación de apodos o alias, la crueldad, la manifestación gestual del desprecio entre otros.

### Manipulación social

Pretenden distorsionar la imagen social del niño y "envenenar" a otros contra él. Con ello se trata de presentar una imagen negativa de la víctima. Se cargan las tintas contra todo cuanto hace o dice la víctima, o contra todo lo que no ha dicho ni ha hecho. No importa lo que haga, todo es utilizado y sirve para inducir el rechazo de otros.

**María Claudia Vargas**
Enfermera

### Amenaza a la integridad

Agrupa las conductas de acoso escolar que buscan amilanar mediante las amenazas contra la integridad física del niño.

### Coacción

Aquellas conductas que pretenden que la víctima realice acciones contra su voluntad, con frecuencia las coacciones implican que el niño sea víctima de vejaciones, abusos o conductas sexuales no deseadas que debe silenciar por miedo a las represalias sobre sí o sobre sus hermanos.

### Exclusión escolar

Agrupa las conductas de acoso escolar que buscan excluir de la participación al niño acosado.

El "tú no", es el centro de estas conductas con las que el grupo que acosa segrega socialmente al niño.

Al ridiculizarlo, tratarlo como si no existiera, aislarlo, impedir su expresión, impedir su participación en juegos, se produce el vacío social en su entorno.

**Daniel Acosta Osio**
MD. Pediatra

# Causas del Acoso Escolar

### En el entorno escolar

Un clima inadecuado de convivencia en el centro educativo, puede favorecer ausentismo escolar por aparición del acoso escolar.

La responsabilidad, depende de los profesores que no han recibido formación específica de intermediación en situaciones escolares conflictivas y la disminución de su perfil de autoridad dentro de la sociedad actual.

### La televisión

La violencia en los medios de comunicación tiene efectos sobre la violencia real, sobre todo entre niños.

Se discute, no obstante, el tipo de efectos y su grado: si se da una imitación indiscriminada, si se da un efecto insensibilizador, si se crea una imagen de la realidad en la que se hiperboliza la incidencia de la violencia, etc.

En conclusión la televisión con alto riesgo de violencia afecta a los niños, en el sentido de querer y tratar ser como ellos (tipos de modelo prototipo).

# Consecuencias emocionales del Acoso Escolar

Las consecuencias que pueden sufrir los niños y adolescentes víctimas de acoso escolar, desde un punto de vista netamente emocional se describe a continuación:

### Depresión

El maltrato que se le propicia a una víctima puede sumirla en una auténtica depresión, y si es una niña estará más propensa a que esto le suceda. La depresión le causará irritabilidad momentánea, los niños comenzarán a encerrarse en su habitación, agudizándose más en las mañanas. Estos niños se culpabilizan más por todo lo que sucede a su alrededor, causándoles dolor en el plano psicológico caracterizado por una enorme tristeza y desarreglos hormonales.

### Soledad

Se generaliza cuando el niño o adolescente, queda sólo o abandonado a su suerte por los demás compañeros. Son niños que se aíslan de sus familiares, de sus hermanos de sus amigos y hasta de las actividades extracurriculares.

### Espectadores sin Sensibilidad

Son los que están presentes en el acto del acoso que directamente no toman partido; son cómplices directos o indirectos del acosador, no actúan frente a la agresión, y en el peor de los casos hasta pueden llegar a pensar que es normal la situación que están presenciando.

**Ángela Quijano**
Trabajadora Social

### Ausentismo Escolar

Es frecuente encontrar que los niños que se sienten amenazados dejan de asistir al colegio por miedo a sufrir del acoso escolar. Estos niños, empiezan a tener conductas físicas tales como náuseas, vómitos dolores de cabeza, dolores de estómago. De esta manera, escapan de su realidad y es más fácil evadirse de los problemas que estar aguantando que los estén continuamente intimidando y hostigando generalmente síntomas fingidos. Eso, si se tiene claro que la consecuencia más común es que tanto los agresores como los agredidos pueden presentar retraimiento y bajo rendimiento escolar.

### Abulia

Puedes llegar a ver tan empequeñecida y mermada la personalidad del niño agredido que puede perder el control de su voluntad, ya que esta voluntad queda mermada y disminuida, con incapacidad para tomar decisiones y con un permanente sentido de impotencia. Esta situación hace que los niños, niñas y adolescente presenten melancolía y depresión, consumo de sustancias, puesto que su voluntad se ve minada, entorpecida, deteriorada y aniquilada por causa del agresor.

### Pérdida de la Autoestima

Si un niño, niña o adolescente se encuentra en esta situación perderá su valor propio, su amor personal, la propia visión de él mismo. El problema es que los niños van asumiendo como propios las burlas y humillaciones que le hacen los demás, y esa es la imagen que van teniendo de ellos.

### Presenta Siempre fatiga Crónica

El niño, niñas y adolescentes presentarán cansancio crónico, desaliento, debido al dolor propio en el que se encuentran sumergido, de esta manera presentan desinterés por las actividades tanto académicas como las extracurriculares.

### El Suicidio

Son tan graves e insostenibles los hostigamientos y las intimidaciones a las que se exponen los niños, niñas y adolescentes que a veces para estos niños es tan insoportable la situación que se presentan ideación suicida y en los casos más complejos intento de suicidio.

### La Tristeza

Es frecuente y común que estos niños que sufren de acoso escolar se encuentren en un estado de profunda tristeza, es por esto que debes estar atento a sus sentimientos, indagando a cada momento que piensa y que siente en relación a lo que le está pasando a su alrededor.

### Tomarse Todo Personalmente

Los niños, niñas y adolescentes pueden empezar a autoculparse de lo que le está pasando, puede sentir y llegar a creer firmemente que él ha causado todo y lo ha producido. Se les debe transmitir: que suceda lo que suceda a su alrededor no se debe tomar nada personalmente.

Es de vital importancia revisar estas conductas y estados emocionales de los niños y adolescentes, ya que la intervención debe ser siempre interdisciplinar entre padres, profesores y diferentes profesionales que trabajan con los niños, adolescentes, para poder abordar los casos desde diferentes perspectivas y obtener un óptimo resultado.

Son tan graves e insostenibles los hostigamientos y las intimidaciones a las que se exponen los niños, niñas y adolescentes que a veces para estos niños es tan insoportable la situación que se presentan ideas e intentos suicidas.

**Laura De Castro**

Psicóloga

# ¿Qué dicen las leyes colombianas ante el acoso escolar?

Proyecto de Ley No. 064 de 2009 Cámara "Por la cual se establecen mecanismos para la prevención y corrección del acoso escolar, el hostigamiento, el maltrato y otras formas de violencia en escuelas y colegios, y se adiciona el Código de la Infancia y la Adolescencia".

### El congreso de Colombia, decreta

**Artículo 2.** Adiciónese en el Libro Primero del Código de la Infancia y la Adolescencia, Título II (Garantías de Derechos y Prevención), Capítulo I (Obligaciones de la familia, la sociedad y el Estado), los siguientes artículos:

### Artículo 43 a.

### Manuales de convivencia.

Es obligación de toda institución de educación primaria y secundaria incluir como parte esencial de su Manual de Convivencia, la definición, caracterización de toda forma de acoso, maltrato, agresión física o sicológica, humillación, discriminación o burla de parte de los demás compañeros, los profesores y directivos, y las normas sobre procedimientos preventivos y sancionatorios a que se refieren los artículos 43 A y 43 B de este Código.

### Artículo 43 b.

### Procedimientos preventivos y correctivos de la violencia escolar.

Las instituciones de educación primaria y secundaria deberán adoptar en sus manuales de convivencia, entre otros, los siguientes procedimientos simbólicos y prácticos, tanto preventivos como correctivos de la violencia escolar:

a) Cuando los profesores o responsables de la disciplina escolar detecten cualquier signo de agresión, enemistad o pendencia de palabra o de hecho entre alumnos de la institución educativa, deberán inducir a los involucrados a una sesión privada de reconciliación. Si ésta no fuere posible, se llamará a los respectivos padres de familia para que induzcan a sus hijos a la reconciliación.

b) En cada institución educativa se establecerán comités estudiantiles de mediación, integrados por alumnos y alumnas del mismo curso, grado o jornada, según el tipo de conflicto, y cumplirán el papel de amigables conciliadores entre quienes han desarrollado actitudes de agresión. Tales comités deberán estar integrados de manera paritaria por estudiantes de ambos géneros.

c) Los actos menores de agresión verbal o física darán lugar a sanciones persuasivas de tipo simbólico tales como actos de solicitud de perdón, reproches colectivos expresos por todos los compañeros del aula, etc.

d) Cuando entre varios estudiantes se detecten enemistades, pendencias o actitudes hostiles, los involucrados deberán ser integrados a un mismo colectivo deportivo, recreativo o cultural, de tal manera que se les induzca a desarrollar actitudes de cooperación solidaria entre ellos.

e) Toda conducta reiterada de agresión física o verbal entre varios estudiantes dará lugar al cambio de aula o de jornada de los involucrados en ella, cuando no surtan efecto los llamados de atención persuasivos o sea imposible la mediación o conciliación a que se refiere este artículo.

f) Todo acto de violencia física contra los compañeros, que dé lugar a tratamiento médico, hospitalario, quirúrgico o terapéutico deberá ser corregido con la suspensión temporal o la cancelación de la matrícula, según la gravedad de la agresión y la reiteración de la misma, previo concepto del psicólogo de la institución educativa sobre la evaluación al abusado y al abusador respecto a los hechos generadores de la agresión.

La adopción de las normas sobre procedimientos preventivos y correctivos del acoso, el hostigamiento y demás formas de violencia escolar, deberá ser consultada y discutida con la comunidad educativa, incluidos los alumnos.

**Regina Rodríguez Martínez**
Trabajadora Social

## Prevención del acoso escolar

La prevención se puede realizar en distintos niveles.

**Primario:** responsabilidad de los padres (apuesta a una educación democrática y no autoritaria), de la sociedad en conjunto y de los medios de comunicación (autorregulación de contenidos).

**Secundaria:** medidas concretas sobre la población de riesgo, los adolescentes (promover un cambio de mentalidad respecto a la necesidad de denuncia de los casos de acoso escolar aunque no sean víctimas de ellos), y sobre la población directamente vinculada a esta, el profesorado (en forma de formación en habilidades adecuadas para la prevención y resolución de conflictos escolares).

**Terciaria:** medidas de ayuda a las víctimas de los casos de acoso escolar. Para mejorar la convivencia educativa y prevenir la violencia, es preciso enseñar a resolver conflictos de forma constructiva; es decir, pensando, dialogando y negociando. Un posible método de resolución de conflictos se desarrolla en los siguientes pasos:

- Definir adecuadamente el conflicto.

- Establecer cuáles son los objetivos y ordenarlos según su importancia.

- Diseñar las posibles soluciones al conflicto.

- Elegir la solución que se considere mejor y elaborar un plan para llevarla a cabo.

- Llevar a la práctica la solución elegida.

- Valorar los resultados obtenidos y, si no son los deseados, repetir todo el procedimiento para tratar de mejorarlos.

Una buena idea puede ser la de ir escribiendo las distintas fases del proceso, para facilitar su realización. En los programas de prevención de la violencia escolar que se están desarrollando en los últimos tiempos, se incluyen la mediación y la negociación como métodos de resolución de conflictos.

**Luz Estela De La Cruz**
Fonoaudióloga

## Recomendaciones

### A los padres:

1. Establece Relaciones Basadas en el Diálogo: Habla con tus hijos sobre la agresión antes de que se enfrenten al problema.

2. Da un Buen Ejemplo: Procura ser un modelo de buen comportamiento, muestra tolerancia y respeto, evita hablar mal de otros.

3. Utiliza preguntas abiertas: Son muy importantes para explorar todo el contexto donde ocurrió la agresión: háblame más de esto...

4. Ponte en su Lugar: Empatiza con sus sentimientos y evita frases como "así son las niñas" o "ya se les va a pasar" –me imagino lo mal que te habrás sentido...

5. Evita juzgar o etiquetar a los niños agresores.

6. Busca la Reflexión. Ayuda a los niños, niñas y adolescentes a reflexionar sobre lo que podría estar causando este problema y mantén abierta la posibilidad de entender mejor la situación.

7. Dialoga. Junto con tu hijo sobre las alternativas para manejar la situación -¿qué crees que podrías hacer?

8. Pregúntale si necesita o desea que tú intervengas en la resolución del conflicto -¿hay algo que yo puedo hacer para ayudarte?

9. Acude a buscar apoyo con un terapeuta si lo ves necesario.

Los padres deben estar atentos a los siguientes aspectos, que pueden ser indicios de que nuestros hijos están siendo víctima del acoso escolar:

• Cambios en el comportamiento del niño.

• Cambios de humor.

• Tristeza, llantos o irritabilidad.

• Pesadillas, cambios en el sueño y/o apetito.

• Dolores somáticos, dolores de cabeza, de estómago, vómitos…

• No quiere salir ni se relaciona con sus compañeros.

• Se niega o protesta a la hora de ir al colegio.

• Pierde o se deterioran de forma frecuente sus pertenencias escolares o personales, como gafas, mochilas, etc.

• Aparece con golpes, hematomas o rasguños y dice que se ha caído

• No acude a excursiones, visitas, etc. del colegio.

• Quiere ir acompañado a la entrada y la salida.

**A los docentes:**

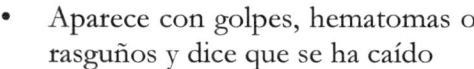

Habla con tus alumnos sobre agresión relacional (puedes utilizar cuentos, películas u otros recursos) para concientizarlos sobre el asunto.

Procura ser un modelo del bien

Crea un clima de seguridad en el salón de clases: establece reglas claras de que no será tolerado ningún tipo de agresión.

Trata de identificar las primeras señales de agresión relacional antes de que se conviertan en un conflicto mayor.

Mantén una relación cercana y de confianza con tus alumnos para que sepan que pueden acercarse a ti cuando tengan un problema.

Escucha de manera activa y empática cuando un alumno te hable sobre una situación de agresión relacional.

Utiliza los mismos lineamientos para escuchar recomendados los papás.

Investigar los cambios inexplicables de estados de ánimo: tristeza, aislamiento personal del alumno o alumna, aparición de comportamientos no habituales, cambios en su actitud, poco comunicativo, lágrimas o depresión sin motivo aparente...

Escasas o nulas relaciones con los compañeros y compañeras.

Evidencias físicas de violencia y de difícil explicación: moratones, cortaduras o rasguños cuyo origen el niño no alcanza a explica; ropa rasgada o estropeada, objetos dañados o que no aparecen...

Quejas somáticas constantes del alumno: dolores de cabeza, de estómago o de otro tipo cuya causa no está clara.

Accesos de rabia extraños.

Variaciones del rendimiento escolar, con pérdida de concentración y aumento del fracaso.

Quejas de los padres, que dicen que no quiere ir al colegio.

**Diana Bravo Serrano**
Terapeuta Ocupacional

### A los espectadores

Estás siendo testigo de las agresiones de algunos compañeros hacia otro, debes tener en cuenta los siguientes consejos:

Si alguno de los presente dice algo como "¡Basta ya!", en la mitad de los casos, las acciones violentas cesan. Es difícil de hacer, pero estar ahí y no hacer nada es igual que aprobar la agresividad.

Si sientes que no puedes decir nada, vete del sitio y díselo al adulto más cercano. Haz que vaya a ayudar.

Si ves que alguien sufre una y otra vez agresiones, puedes hacer algo para terminar esa situación.

Si el colegio tiene algún tipo de programa para informar de

agresiones, como un teléfono o un buzón, utilízalo. Puedes hacerlo de forma anónima

Si el acosado no quiere hablar con nadie, ofrécete para hablar con alguien en su nombre.

Involucra a tanta gente como puedas, incluso a otros amigos y compañeros de clase.

No uses la violencia contra los agresores ni trates de vengarte por tu cuenta. Intenta conseguir que la víctima se lo cuente a sus padres o a los profesores. Ofrécete a ir con él o ella si crees que eso puede ayudarle.

**Carmen Acuña**
Fisioterapeuta

### A las Víctimas

Si eres víctima de agresiones físicas o verbales por parte de tus compañeros, aquí tienes algunos consejos para acabar con esa situación:

- Ignora al agresor, haz como si no lo oyeras ni lo mires.

- No llores, no te enfades, ni muestres que te afecta. Eso es lo que él pretende, así que no le des esa satisfacción. Más tarde habla o escribe sobre tus reacciones y lo que sentiste en ese momento.

- Responde al agresor con tranquilidad y firmeza. Di por ejemplo: "No, eso es sólo lo que tú piensas".

- Intenta ironizar o tratar con humor lo que te digan. Por ejemplo, si te dice "¡qué camisa más fea!", puedes responder "gracias, me alegro de que te hayas dado cuenta".

- Aléjate o corre si es necesario, en caso de peligro. Aléjate de la situación. Vete a un sitio donde haya un adulto.

- Si eres víctima constante de agresores, lo que tienes que hacer es hablar con un adulto.

- Comienza con tus padres, para pedir ayuda a las personas que te quieren cuando lo necesites. Intenta que tus padres hablen con alguien del colegio, pero no con los padres del agresor.

- Si sientes que no le puedes contar a tus padres o que ellos no pueden ayudarte, habla con otro adulto en quien confíes, como un profesor o director del colegio. Si no quieres hablar de ello con nadie a solas, pídele a un amigo o hermano que te acompañe. Te ayudará llevar a alguien testigo de la agresión.

- Trata de escribir una carta explicando lo que te pasa. Dásela a un adulto en quien confíes y guarda una copia para ti.

**María Claudia Vargas**
Enfermera

**Recuerda**

1. Tú no tienes la culpa de ser agredido.

2. No tienes que hacer frente a esta situación tú solo.

3.  Recuerda que es el agresor quien tiene un problema, no tú.

4.  Trata a los demás como quieres que te traten a ti.

5.  Ayuda al que lo necesite y así, cuando tú necesites ayuda, te ayudarán.

**Avelyna Molino**
Nutricionista Dietista

# Decálogo educativo de la antiviolencia

1.  Adaptar la educación a los cambios sociales, desarrollando la intervención a diferentes niveles y

estableciendo nuevos esquemas de colaboración, con la participación de las familias y la administración.

2. Mejorar la calidad del vínculo entre profesores y alumnos, mediante la emisión de una imagen del educador como modelo de referencia y ayudar a los chicos a que desarrollen proyectos académicos gracias al esfuerzo.

3. Desarrollar opciones a la violencia.

4. Ayudar a romper con la tendencia a la reproducción de la violencia.

5. Condenar, y enseñar a condenar, toda forma de violencia.

6. Prevenir ser víctimas. Ayudar a que los chicos no se sientan víctimas.

7. Desarrollar la empatía y los Derechos Humanos.

8. Prevenir la intolerancia, el sexismo, la xenofobia. Salvaguardar las minorías étnicas y a los niños que no se ajustan a los patrones de sexo preconcebidos.

9. Romper la conspiración del silencio: no mirar hacia otro lado. Hay que afrontar el problema y ayudar a víctimas y agresores.

10. Educar en la ciudadanía democrática y predicar con el ejemplo.

**Ángela Quijano**
Trabajadora Social

## Conclusiones

En las instituciones educativas la convivencia y la disciplina, son elementos fundamentales que nos permiten aprender a respetar límites y a reconocer que nuestras acciones tienen repercusiones sobre los otros.

Es por esto, que en los colegios y en los salones de clases deben existir normas claras y coherentes las cuales se deben establecer entre todos.

La disciplina debe favorecer cambios cognitivos, emocionales y conductuales en la dirección de los objetivos educativos y estimular la capacidad de adopción de perspectivas y que ésta ayude a luchar contra la exclusión en lugar de aumentar su riesgo.

El respeto a los límites mejora cuando se aprenden habilidades no violentas de resolución de conflictos como la mediación y la negociación.

Es importante al momento de abordar los casos de abuso escolar tratar a todos sus participantes directos e indirectos como el abusador, el abusado, los testigos y hasta los que no tienen conocimiento de los hechos ya que esto favorece la confianza entre todos para comunicar algunos hechos violentos, ofensivos, bélicos, y generar entre todos la Cultura del Buen Trato.

# Referencias

Autores varias cartillas: Crianza con amor. Dones para ser mejores padres

CASTILLO PULIDO, Luis Evelio. (2011). Violencia en las escuelas. Bogotá: Editorial Magis. Vol. 4 N° 8 edición especial pág. 415-428.

ESCARTÍN, Maggie. (2001). Programa de Prevención del abuso sexual a niñ@s. Manual de desarrollo de conducta de autoprotección. 20 Vol. 1- Quien soy yo; Vol. 2-Este es mi cuerpo; Vol. 3 Tengo derecho a sentirme seguro.

GÓMEZ R, Juan. (2006) Pediatra puericultor, Cruzada nacional por el buen trato a la infancia. Colombia: Ediciones San Pablo, 1ª edición.

ISAZA Leonor, MERCHAN; (2009-01-01) Cartilla descubriendo la crianza positiva.

MENDOZA R. Tito; ESCARTÍN, Maggie y GÓMEZ, Juan F. (2006) Del maltrato a la ternura. Cómo superar el maltrato infantil y la violencia intrafamiliar. Colombia: Ediciones San Pablo, 1ª Edición.

PIÑUEL, I. y OÑATE, A. (2007) Acoso y Violencia Escolar en España: Informe Cisneros X, Madrid: IIEDDI, ISBN: 978-84-611-4842-4.

PIÑUEL, I. y OÑATE, A. (2007). Mobbing escolar: Violencia y acoso psicológico contra los niños. Madrid: CEAC.

PIÑUEL, I. y OÑATE, A. (2006) "Test AVE, Acoso y Violencia Escolar, Madrid: TEA Ediciones, ISBN: 84-7174-858-4.

SANMARTÍN, J. (2007). "Violencia y acoso escolar". Mente y Cerebro, 26:12-19.

Sone the children: (2009-01-01). ABC de la crianza positiva.

# Capítulo VI. Sobreprotección vs Protección

## Presentación

Los niños del mundo necesitan que sus padres los protejan, cuiden y estén pendientes de ellos, pero cuando esta protección es excesiva, pueden estar creándoles problemas que acaben arrastrando hasta la edad adulta.

Los padres y madres sobreprotectores impiden a sus hijos realizar muchas actividades por miedo a que les suceda algo. Así, no les dejan quedarse a dormir en casa de un amigo, entre otros y tratan de evitar a toda costa que hagan cualquier cosa que les cause miedo, les resulte frustrante o incómodo, o no sepan hacer.

Se trata de personas que suelen conceder los caprichos de sus hijos para no incomodarlos, toman decisiones por ellos; aunque tienen la edad suficiente para hacerlo, no les exigen obligaciones o responsabilidades tales como tareas del hogar, no ejercen disciplina suficiente con sus hijos cuando se comportan mal pasando por alto sus malos comportamientos o excusándolos. Con esta conducta de padres impiden que los niños aprendan a afrontar sus miedos, a tolerar la frustración y ser responsables de sus errores.

Recordemos que los padres con estos comportamientos sobreprotectores están maltratando a los niños, creándoles inseguridad, insatisfacción, dependencia, irritabilidad y aburrimiento. No aprenden a ser responsables de su bienestar, sus emociones y sus actos, porque siempre ha existido alguien ahí para hacerles sentir bien, solucionarles sus problemas y darles lo que pidan.

La sobreprotección, sobre todo cuando va acompañada de poco afecto por parte de los padres, puede estar asociada en los adultos, a problemas de ansiedad, depresión y obsesiones.

Evitemos como padres y educadores de todos los niveles,

excedernos en los cuidados y atenciones para los niños en el proceso de educación y formación para contribuir a nuestra sociedad con unos jóvenes proactivos, en convivencia sana con buenos ejemplos y Cultura del Buen Trato.

**Regina Rodríguez Martínez**
Trabajadora Social

## Autores

Regina Rodríguez Martínez, Investigador principal, Programa de Trabajo Social.

Daniel Acosta Osio, Programa de Medicina

Carmen Acuña Castilla, Programa de Fisioterapia

Diana Bravo Serrano, Programa de Terapia Ocupacional

Laura De Castro Laurens, Programa de Psicología

Luz Estela de la Cruz Imitola, Programa de Fonoaudiología

María Claudia Vargas Vásquez, Programa de Enfermería

Ángela Quijano, Coordinación de Investigación Formativa

## Ilustraciones

Rosemary Paola Estarita Rodríguez

## ¿Qué es la sobreprotección?

La sobreprotección se suele definir como "cuidar en exceso". Se mantiene el instinto de resguardo de los primeros meses de vida, y no se acepta que las criaturas van creciendo y tienen que aprender a resolver sus necesidades.

Expresiones como: "Yo te doy yo la comida porque tú te manchas", "Yo te ayudo a hacer las tareas", pueden tener inconscientemente un intenso cuidado.

El término "sobreprotección" es engañador, ya que muchos padres están convencidos de que impidiendo a sus hijos frustraciones, penas, enfermedades o problemas con la profesora, se les está cuidando mejor.

**Laura De Castro**
Psicóloga Clínica

## Características de los niños sobreprotegidos

1. Niños nerviosos, tímidos e inseguros. Tienen problemas para relacionarse en la escuela o en grupos sociales en general.

2. Muestran una dependencia extrema hacia sus padres, es más común hacia la mamá.

3. Sienten temor frente a lo desconocido y desconfianza ante cualquier actividad que deban emprender.

4. Buscan la ayuda o protección de terceros. Además de sus padres, compañeritos de clase, familiares, hermanos mayores.

5. Poca tolerancia a la frustración. Quieren ganar a toda costa y

cuando eso no sucede se enojan y explotan.

6. Les cuesta tomar la iniciativa, permanecen quietos ante las dificultades y no asumen sus responsabilidades.

7. Los niños sobreprotegidos sufren mucho cuando llega el momento de separarse de sus padres para ingresar a la guardería o el pre escolar.

8. En ocasiones, la mamá necesita acompañarlo durante los primeros días para hacer menos traumático el cambio.

**Laura De Castro**
Psicóloga Clínica

## Formas de sobreproteger a un Adolescente

| ¿Qué es? |
| --- |
| Darle todos los gustos, hasta los más absurdos. |
| Darle con rapidez lo que solicita con urgencia. |
| Evitarle las intervenciones que le exijan vencer obstáculos como la incomodidad o la timidez. |
| Permitirle que se escape de las obligaciones y de las consecuencias de su incumplimiento, dedicándole mucho más tiempo del que necesita. |

| ¿Qué es? |
|---|
| Ejerciendo sobre él una vigilancia constante, fruto del temor a que le suceda algo. |
| Anticiparse a sus deseos de comida, ropa, juguetes, ocio… |
| Evitarle la práctica de deportes o juegos arriesgados. |

| También es… |
|---|
| Justificando en la escuela su falta de trabajo, sus errores en los exámenes o ausencias injustificadas. |
| Evitarle labores de casa y responsabilidades que conlleven esfuerzo. |
| Ayudándole en sus tareas escolares. |
| No dejándole salir con amigos. Interviniendo cuando tiene una disputa con un compañero o amigo, de que es demasiado pequeño, no es el momento o ya es demasiado mayor. |
| Corriendo con las consecuencias con las que debe cargar el hijo por sus actos voluntarios. |
| Disculpándole la mala conducta ante otros adultos o sus hermanos. |
| Ocultando el mal comportamiento al cónyuge, para que no le castigue o corrija. |
| No corrigiéndole con el argumento. |

## Características de los padres que sobreprotegen

1. Hay padres que desconocen lo que se le puede exigir al niño y fomentan conductas más infantiles de lo que le corresponde por su edad.

2. No dejan que el niño haga determinadas cosas porque a ellos, evidentemente, les sale mejor y lo hacen en menos tiempo.

3. Otros piensan que es mejor hacerles la vida más fácil y procuran anticiparse a cualquier necesidad y demanda de su hijo antes de que él mismo lo pida.

4. Los hay que prefieren evitar enfrentamientos porque no les resulta fácil mantenerse con firmeza en situaciones estresantes o incluso simplemente porque el niño tiene una cara encantadora.

**Diana Bravo Serrano**
Terapeuta Ocupacional

# Consecuencias de la Sobreprotección

Muchos de estos niños pueden crecer pensando que los demás están ahí para servirles, se vuelven irritables y agresivos sino obtienen lo que quieren en el mismo momento, no son capaces de reconocer sus errores, son más inmaduros, tienen problemas para relacionarse con los demás y se sentirán con frecuencia insatisfechos, descontentos, irritables y aburridos.

No han aprendido a ser responsables de su propio bienestar, sus emociones y sus actos, porque siempre ha habido alguien ahí para hacerles sentir bien, solucionarles sus problemas y darles lo que pidan. Pueden sentirse inseguros cuando no tienen a sus padres cerca, porque se han vuelto dependientes de ellos.

Cuando los niños se sienten frustrados, temen hacer algo, están aburridos o experimentan alguna emoción negativa, van aprendiendo por sí mismos a afrontar estas situaciones. Y esto les ayuda a madurar, a ser autosuficientes, a regular sus propias emociones y a no depender de los demás para sentirse bien.

La sobreprotección les impide aprender todo esto. Por supuesto, los padres deben estar ahí para protegerlos cuando sea necesario, pero no es lo mismo proteger o cuidar de los hijos que sobreprotegerlos. La sobreprotección, sobre todo cuando va acompañada de poco afecto por parte de los padres, puede estar asociada, en los adultos, a problemas de ansiedad, depresión y obsesiones.

**Daniel Acosta Osio**
Médico Pediatra

# Sobreprotección ¿Una forma de maltrato?

La sobreprotección es una forma de maltrato ya que afecta todas las áreas del niño.

| Áreas de sobreprotección | |
|---|---|
| **Área social:** | Sobreproteger a los niños dificulta su crecimiento y desarrollo en entornos diferentes al de su casa. Por eso, es importante que los padres tengan claro que se les debe proteger mas no crear a su alrededor una "burbuja" que los aleje del mundo. |
| **Área emocional:** | Sobreproteger a los niños genera alteraciones emocionales tales como ansiedad, depresión y problemas de conducta. |
| **Área personal:** | Sobreproteger a los niños genera dependencia total a los padres y/o cuidadores y los incapacita para su desarrollo personal. |
| **Área escolar:** | Sobreproteger a los niños genera timidez e inseguridad en los niños, dificulta las relaciones con sus compañeros, |

**Regina Rodríguez Martínez**
Trabajadora Social.

# Proteger y Permitir

Los padres, los profesores nos construimos en autoridad para los niños y niñas.

Entendida la autoridad como la gestora de los bienes, por tanto, la cuestión está en cómo utilizar la autoridad para que los niños y niñas se sientan cuidados, atendidos en sus necesidades, puedan aprender a resolverse sus cosas y a valerse por sí mismo.

Nuestras funciones como cuidadores pueden sintetizarse en dos: Permitir y Proteger.

**Permitir:**

- Dar opciones posibilidades para que ellos prueben investiguen.

- Satisfacer su curiosidad, su necesidad de aprender.

- Posibilitar que asuman responsabilidades para resolver sus necesidades y las consecuencias de las mismas.

- Respetar los ritmos de cada uno.

- Utilizar el pensar para resolver los problemas, con una actitud positiva.

- Contar con su opinión y participación en los temas que les afectan.

**Ángela Quijano.**
Trabajadora Social

**Proteger**

Los niños y las niñas pequeñas necesitan protección y cuidados para procurarles las cosas y atenderles en las necesidades que ellos no pueden hacer.

Según vayan creciendo, esos cuidados irán disminuyendo progresivamente a medida en que ellos tengan la capacidad de asumir tareas, que antes realizaban el padre, la madre o el abuelo.

Por tanto resulta útil concretar, teniendo en cuenta su edad, madurez, capacidad, etc. Las tareas en las que precisa ayuda, las que puede hacer solo, las necesidades de atención, de cariño...

**Carmen Acuña Castilla**
Fisioterapeuta

# Para que los niños y las niñas se sientan protegidos y por consiguiente seguros necesitan:

**Amor:** Los padres y las madres queremos a los hijos/as, pero el hecho de quererlos no garantiza que ellos se sientan queridos necesariamente por los cuidadores.

A veces no les llega el amor, dado que las formas que tenemos de dirigirnos a ellos, no resultan las más adecuadas: las peleas, los gritos, las amenazas.... Para que hagan aquello que vemos conveniente para su bienestar.

**Aceptarles plenamente:** En ocasiones, tenemos un modelo excesivamente rígido y si salen de él.

**María Claudia Vargas**
Enfermera

# Límites

Para poner límites y normas, necesitamos:

1. Tener claro que los límites y las normas sirven para que los chicos y las chicas incorporen valores y desarrollen cualidades.

2. Tener expectativas constructivas: ellos pueden, tienen capacidad para hacer mucho más de lo que hacen.

3. Mostrar respeto a los niños. Tener firmeza y mostrarles amor.

4. Sustituir al mandar por el pedir.

5. Aprender a conocer y a manejarse con las emociones.

6. Darse permiso para decir "NO".

7. Hay límites fijos y otros que admiten flexibilidad.

**Diana Bravo Serrano**
Terapeuta Ocupacional

# Expresiones Sobreprotectoras

Entre las expresiones sobreprotectoras tenemos:

| | |
|---|---|
| "Aquí tienes la ropa que tienes que ponerte" | "Mama le va a dar la comida al niño para que crezca y se haga muy fuerte |
| "Ya te lo llevo yo, cariño" | "No salgas a la calle que hay niñas muy malas. Papá jugará una partida contigo" |
| "Ya tienes preparada la cartera" | "No te preocupes hija, que mamá hablará con la profesora y lo arregla" |

# Decálogo para la protección y desarrollo del niño y la niña

1. Vida y desarrollo pleno de nuestros niños, niñas y adolescente: La familia debemos reconocer que el crecimiento es un proceso de cambio constante.

2. Educación: Es un derecho y un deber de las familias y de los niños y niñas. Educarnos nos permite surgir e incorporarnos a la sociedad con más oportunidades.

3. Salud Física y Mental: Todo niño y niña tiene derecho a la salud física y mental y es nuestro deber como familia ayudarlos a cuidarse.

4. Protección y satisfacción de necesidades básicas: los niños y niñas necesitan para vivir: una familia, alimentación, vivienda, juegos, amigos, colegio, atención de salud. Necesita que los adultos los protejan y les enseñen a protegerse.

5. Afecto, comprensión, y seguridad: expresiones de amor: palabras de cariño, abrazos, felicitaciones, son el alimento del alma de los niños. Les entregan seguridad, apoyados y comprendidos.

6. Tolerancia, Buen Trato, No discriminación: enseñarles que las personas diferentes a nosotros son una fuente de aprendizaje, por ende les debemos respeto, agradecimiento y buen trato.

7. Recreación y desarrollo de intereses y talentos: a través de la recreación se descubre los talentos de los niños.

8. Vivir en libertad y en paz: los niños deben aprender desde pequeños a tomar decisiones, sabiendo que la libertad es un derecho y una responsabilidad. Enseñarles que la paz es un valor que se construye con buen trato.

9. Aprendizaje para la convivencia social y pacifica: la familia, los vecinos, los líderes de nuestro barrio deben ser un ejemplo a diario.

10. Ser humano integral: Todos los seres humanos y en especial los niños y niñas tienen derecho a desarrollarse física, mental, moral, espiritual y socialmente en forma saludable y normal, así como en condiciones de libertad y dignidad.

**María Claudia Vargas**
Enfermera

## Recuerda

"Para que una familia funcione educativamente es imprescindible que alguien se resigne a ser adulto. Y se teme que este papel no puede decidirse por sorteo ni por votación asamblearia. El padre que no quiere figurar sino como 'el mejor amigo de sus hijos', algo parecido a un arrugado compañero de juegos, sirve de poco; y la madre, cuya única vanidad profesional es que la tomen por hermana ligeramente mayor que su hija, tampoco vale mucho más". (Fernando Savater)

# Referencias

Barocio M. (2005). Disciplina con amor: Cómo poner límites sin ahogarse en la culpa. México: PAX. Recuperado el 20 de octubre de 2013 de: http://0-proquest.umi.com.millenium.itesm.mx/pqdweb

Blanco C., (2002). La sobreprotección: causas y soluciones. Editorial San Pablo.

Estrada, I. L.(2006) El ciclo vital de la familia. México DF. de-bolsillo.

López, M. E., Arango M. T. (2002). El hijo único. Editorial Norma. Colombia.

López, S (2012). Los límites y la sobreprotección. Editorial aula libre Colombia.

Lorda, J. (2004). Lukas E. (2000). También tu sufrimiento

tiene sentido. México, DF:Ediciones LAG.

Lurcat l. (1990). El niño y sus compañeros. Nancea.

Savater, F. (1997). El valor de educar. Editorial Ariel, S.A. Barcelona.

Sears W. (1999). Claves para convertirse en buen padre. Argentina: Longseller.

# Capítulo VII. Discapacidad y Maltrato

## Presentación

El grupo institucional de investigación "Cuidado de la Salud y la Vida" de la Universidad Metropolitana, al culminar su proyecto "CARACTERIZACIÓN DEL MALTRATO INFANTIL EN NIÑOS Y NIÑAS EN RIESGO QUE ACUDEN A LA FUNDACIÓN HOSPITAL UNIVERSITARIO METROPOLITANO, FHUM"; decide presentar a la comunidad de maestros, padres, estudiantes y profesionales de las diferentes disciplinas, esta nueva edición con fines: instructivo y de reflexión, como herramienta útil para el trabajo de las diferentes disciplinas que desarrollan sus actividades en torno al mundo de los niños con discapacidad.

El maltrato infantil es reconocido como uno de los fenómenos sociales más graves en nuestro país, donde día a día se reportan casos, siendo más relevante en la población discapacitada, demostrado por las estadísticas conocidas de entidades preocupadas por este flagelo, evidenciado en los niños caracterizado por omisión, negligencia, abusos y lesiones tan marcadas que culminan hasta la muerte.

Es aquí, donde los investigadores preocupados por los niños, niñas y adolescentes como sujetos de derechos señalan una trayectoria conceptual, analítica, cultural y política, que transforma y reconoce su lugar y papel en la familia y la sociedad, obligando a visualizar responsabilidades y agentes garantes de su bienestar y desarrollo, así como las contribuciones a una mejor sociedad, que se incorpora en la agenda política de corto, mediano y largo plazo, y en las inversiones públicas del municipio, distrito y departamento, para esta población.

Lo que significa que todos los ciudadanos debemos reconocer a esta población los derechos, porque a la vez todos estamos comprometidos en protegerlos y defenderlos, porque son humanos sujetos y titulares de derechos, lo cual está establecido en la Convención Internacional de los Derechos del niño, como en la Constitución Política y la ley 1098 de 2006, declarando además a estos como prevalentes sobre los derechos de los demás.

**Regina Rodríguez Martínez**
Trabajadora Social

## Autores

Regina Rodríguez Martínez, Investigador principal, Programa de Trabajo Social.

Carmen Acuña Castilla, Programa de Fisioterapia

Diana Bravo Serrano, Programa de Terapia Ocupacional

Laura De Castro Laurens, Programa de Psicología

Luz Estela de la Cruz Imitola, Programa de Fonoaudiología

María Claudia Vargas Vásquez, Programa de Enfermería

Jennifer Fonseca Galé, Nutrición y Dietética

## Ilustraciones

Rosemary Paola Estarita Rodríguez

# La discapacidad y maltrato infantil

La infancia con discapacidad ha sido una población cuyos derechos han sido vulnerados a lo largo de la historia, es así como el abandono familiar de estos menores ha sido ampliamente aceptado en nuestra sociedad.

El carácter físico, psíquico o sensorial de la discapacidad sitúa a los menores en contextos evolutivos muy diferentes. Parece que el aumento de incidencia del maltrato se produce en cualquier tipo de discapacidad aunque se ha observado que el abuso es más frecuente en discapacitados psíquicos que en otros tipos de discapacidad.

Hay características asociadas a la propia discapacidad que aumentan el riesgo de sufrir episodios de maltrato, dificultan el reconocimiento de los mismos por parte del menor, o dificultan que el menor pueda defenderse inmediatamente frente al maltrato o denunciarlo posteriormente.

Existen factores de vulnerabilidad del niño en condición de discapacidad, entre estos encontramos:

### Factor familiar:

En las familias que tienen hijos con alguna discapacidad podemos encontrar un aumento de las fuentes de estrés familiar, una dificultad para acceder o capacitarse con recursos de afrontamiento adecuados y una mayor dificultad para evaluar la situación en términos positivos.

Estas dificultades predicen un mayor riesgo de que la familia emprenda respuestas poco adaptativas como la negligencia o el maltrato, según los modelos de estrés y afrontamiento familiar (Hill, 1949; McCubbin y Paterson, 1983; McCubbin, Thompson y

Former, 1998)

En este sentido tener un hijo con una discapacidad aumenta las fuentes de estrés emocionales, físicas, económicas y sociales de las familias (Benedict y cols, 1990; Hernández y cols, 2002).

Las necesidades especiales del niño se suman a las necesidades de cualquier niño, disparando el nivel de demandas que tiene que afrontar la familia y el estrés (Ammerman y cols, 1993), que puede derivar en maltrato activo.

Por otro lado es más fácil ser negligente con las necesidades del niño, porque son más y, en ocasiones, desconocidas para la propia familia (Hernández y cols, 2002).

En definitiva, el aumento de las demandas que van unidas a la discapacidad aumenta el riesgo de maltrato, porque su desconocimiento puede conducir a la negligencia y su conocimiento a un aumento del estrés que favorece la agresión física (American Academy of Pediatrics, 2001; Sullivan y Cork, 1998).

**Factor educativo:**

En cierto modo, el aumento del riesgo que viven los menores con discapacidad tiene que ver con el tipo de educación que han recibido tradicionalmente estos niños en campos como la educación de la autonomía, los afectos o la sexualidad.

Muchos de estos niños son educados, tanto en la familia como en la escuela, para obedecer al adulto y someterse a sus indicaciones. Por ello se encuentra entre ellos una mayor dificultad para decir que no o para fiarse de sus propios criterios frente al criterio de los adultos (Sullivan y Cork, 1996; American Academy of Pediatrics, 2001; Hernández y cols., 2002).

En nuestra sociedad se ha tendido a negar o a patologizar la sexualidad del discapacitado, en especial del discapacitado intelectual (Amor, 1997), y por lo tanto, a considerar inútil hablar de sexualidad con ellos (Verdugo y cols., 1995)

Esta carencia de educación sexual, deriva en que estos menores no son orientados para distinguir las muestras de atención o de cariño apropiadas e inapropiadas (American Academy of Pediatrics, 2001; Hernández y cols. 2002; Morris, 1998), para

137

adecuar las manifestaciones afectivas al contexto y a la persona a la que se dirigen, para abrir vías de expresión adecuada de su propia sexualidad, ni para proteger su intimidad (Bailey, 1998).

La negación de la sexualidad de las personas con discapacidad también deriva en la ausencia de un lenguaje adecuado para comunicar formas de maltrato como el abuso sexual (Hernández y cols, 2002) y en la escasez de programas de prevención del abuso en los distintos programas educativos que se dirigen a la infancia con discapacidad.

### Factor social:

Aún persiste en nuestras sociedades una importante infravaloración de las personas con discapacidad, especialmente de las que tienen discapacidad intelectual (Ellis y Richard, 1998; Morris, 1998).

En parte, esta visión negativa y marginadora sobre la persona con discapacidad es un mensaje hacia los potenciales agresores de la impunidad que tendrá el maltrato, porque a los niños con discapacidad se les reconocen, en la práctica, menos derechos que al resto (Kennedy, 1996; Morris, 1998).y, 1996; Morris, 1998).

Esto hace que los menores con discapacidad sean percibidos por los potenciales agresores, independientemente de si son miembros o no de su familia, como más vulnerables, menos poderosos, menos capaces de revelar el abuso y menos creíbles en el caso de hacerlo, lo que les convierte en "blancos fáciles" (American Academy of Pediatrics, 2001, Ellis y Hendry, 1998).

Esta concepción no solo forma parte del imaginario del maltratador sino que, efectivamente, se ha comprobado la escasa credibilidad que se otorga a sus testimonios y denuncias (Sobsey y Vamhagen, 1989).

Como en todos los casos de maltrato infantil, pero quizás aún más agudizado, la falta de confianza en el testimonio de estos niños está basada en un deseo de no pensar lo impensable (Brown y Craft, 1989).

**Víctor Barbosa**
Pediatra

**Osmar Pérez**
Pediatra

## Discapacidad, realidad humana

La discapacidad es una realidad humana percibida de manera diferente en distintos periodos históricos y civilizaciones.

Los derechos humanos, los modelos sociales hacen que estos se estén direccionando hacia la interacción entre una persona con discapacidad y el contexto actual.

### La Salud y la Rehabilitación

Los niños, niñas y adolescentes con discapacidad tienen

derecho a la misma variedad y calidad de atención de la salud, sea gratuita o a costo razonable de la que reciben las demás personas, sea la discapacidad que presenten: física, mental, sensorial, psicológica, social, identificándolas principales causas de la discapacidad, ayudando a establecer y aplicar las medidas necesarias para reducirla serían las obligaciones del estado para con esta población vulnerable.

## La Atención Primaria en Salud y la Situación de Discapacidad

La atención primaria en salud para personas con discapacidad, es una estrategia, para enfrentar la situación que viven algunas personas con estos problemas, lo cual tiene como objetivo producir una reorganización de las comunidades, en su papel protagónico, mejorando los derechos de las personas con discapacidad. Por lo tanto la normatividad vigente la 1438 de 2011 determina en el Titulo III y en los artículos descritos a continuación lo referente a la atención preferente y diferencial para la infancia y la adolescencia.

### Artículo 17°. Atención preferente.

El Plan de Benéficos incluirá una Parte especial y diferenciada que garantice la efectiva prevención, detección Temprana y tratamiento adecuado de enfermedades de los Niños, Niñas y Adolescentes. Se deberá estructurar de acuerdo con los datos vitales de nacimiento: Prenatal a menores de seis (6) años, de seis (6) a menores de catorce (14) años y De catorce (14) a menores de dieciocho (18) años.

La Comisión de Regulación en Salud o quien haga sus veces definirá y actualizará esta parte especial y diferenciada cada dos años, que contemple prestaciones de Servicios de salud para los niños, niñas y adolescentes, garantice la promoción, la efectiva prevención, detección restablecimiento físico y psicológico de derechos vulnerados y rehabilitación de las habilidades físicas y mentales de los niños, niñas y adolescentes en situación de discapacidad, teniendo en cuenta sus ciclos vitales, el perfil epidemiológico y la carga de la enfermedad.

### Artículo 18°. Servicios y medicamentos para los niños, niñas y Adolescentes con discapacidad y enfermedades catastróficas

certificadas.

Los servicios y medicamentos de la parte especial y diferenciada del Plan de Beneficios para los niños, niñas y adolescentes con discapacidades físicas, sensoriales y cognitivas, enfermedades catastróficas y ruinosas que sean certificadas Por el médico tratante, serán gratuitos para los niños, niñas y adolescentes de Sisbén 1 y 2.

**Artículo 19°.** Restablecimiento de la salud de niños, niñas y adolescentes cuyos derechos han sido vulnerados.

Los Servicios para la rehabilitación física y mental de los niños, niñas y adolescentes víctimas de violencia física o sexual y todas las formas de maltrato, que estén certificados por la autoridad competente, serán totalmente gratuitos para las víctimas, sin importar el régimen de afiliación. Serán diseñados e implementados garantizando la atención integral para cada caso, hasta que se certifique médicamente la recuperación de las víctimas.

Todo esto se cumplirá por medio del conocimiento y exigencia de estos derechos al estado colombiano y las instituciones en los diferentes ámbitos por parte a los padres, maestros, cuidadores y profesionales que conforman los equipos interdisciplinarios de Salud y que interactúan con este tipo de población y de esta forma:

• Asegurar los servicios en los Programas de Promoción y Prevención, Cuidados y Rehabilitación.

• Ayudar y apoyar a las personas con discapacidad y a sus familias, sus cuidadores en su información, formación y a los servicios de apoyo que les permitan vivir una vida satisfactoria, en la prestación del cuidado se deben incluir.

- Servicios de atención a domicilio que proporcionen apoyo en tareas domésticas como limpieza y compra.

- Servicios de enfermería a domicilio para satisfacer necesidades médicas básicas y de autocuidado.

- Suministro de equipos auxiliares para personas con discapacidad, adaptación de la vivienda o aprendizaje para una mayor autonomía.

## Apreciaciones sobre la Discapacidad

La bibliografía médica internacional sobre maltrato infantil ha descrito que los/as niños adolescentes con discapacidades y enfermedades generan en la familia una realidad humana percibida de manera diferente en diferentes períodos históricos y civilizaciones. La visión que se le ha dado a lo largo del siglo XX estaba relacionada con una condición considerada deteriorada respecto del estándar general de un individuo o de su grupo.

El término, de uso frecuente, se refiere al funcionamiento individual e incluye discapacidad física, discapacidad sensorial, discapacidad cognitiva, discapacidad intelectual, enfermedad mental y varios tipos de enfermedad crónica.

Por el contrario, la visión basada en los derechos humanos o modelos sociales introduce el estudio de la interacción entre una persona con discapacidad y su ambiente; principalmente el papel de una sociedad en definir, causar o mantener la discapacidad dentro de esa sociedad, incluyendo actitudes o unas normas de accesibilidad que favorecen a una mayoría en detrimento de una minoría. La educación debe preparar a los/as niños/as y jóvenes para una vida digna y feliz, en una cultura de amor y solidaridad hacia el otro y no reproducir modelos de exclusión y discriminación.

Aceptar significa querer tal como es, teniendo en cuenta la diferencia. Nos permitirá a todos los profesionales brindar un cuidado con humanidad y aceptación por el otro de manera integral en el contexto desde todos los niveles de atención en salud.

**María Claudia Vargas**
Enfermera

# Maltrato infantil en el niño en situación de

## discapacidad

El maltrato infantil en nuestra región caribe y en toda Colombia, se ha convertido en un problema de salud pública, de proporciones cada vez más alarmantes, conforme las estadísticas y las denuncias tanto de la comunidad, como de los medios de comunicación, nos permiten vislumbrar la magnitud del problema, que por momentos rebasa la capacidad de los organismos encargados de velar por los derechos de nuestros niños.

Uno de los estudios realizados por el Ministerio de Salud en 1.997 indica que de cada 1000 niños 361 son víctimas de maltrato, Red de gestores sociales (2005).

Igualmente se confirmó maltrato en un 38% de los niños no discapacitados y que en dos de cada 5 hogares se utiliza el castigo físico en los niños según la Encuesta Nacional de Demografía y Salud (2010), Ministerio de Protección Social (2011). Los niños con algún grado de discapacidad, no son ajenos a esta problemática y por el contrario suele ser más frecuente que en niños no discapacitados.

Las estadísticas internacionales muestran que el maltrato es

1,7 veces más frecuente en niños discapacitados, respecto a los no discapacitados, como lo deja ver el estudio realizado en Estados Unidos por Crosse, Kaye y Ratnofsky (1995), que coincide con el de Sullivan y Knutson (2000). La negligencia es el tipo más frecuente de maltrato en esta población.

**Tabla No 1.** Probabilidad de maltrato en niños con discapacidad, según el tipo de maltrato:

| Tipo de Maltrato | Probabilidad Crosse et al. (1995) | Probabilidad Sullivan y Knutson (2000) |
|---|---|---|
| Negligencia | 1.6 veces | 3.8 veces |
| Abuso sexual | 1.8 veces | 3.1 veces |
| Abuso físico | 2.1 veces | 3.8 veces |
| Maltrato Emocional | 2.8 veces | 3.9 veces |

Rozo, M. Cuadernos Hispanoamericanos de Psicología, 2013.

El maltrato en niños discapacitados o el riesgo a que están expuestos, se evidenció en el estudio realizado por Rozo (2005), en familias con niños con síndrome de Down que acuden a consulta en la Fundación Santa Fe, encontrando evidencias físicas de maltrato en el 1,4% de los niños, el 50% de los padres manifestaron que utilizaban el castigo físico para reprenderlos y el 8,2% era frecuente el castigo.

También se comprobó que un 27 % sufrían rechazo verbal, privación de oportunidades para establecer relaciones sociales en un 26% de los casos, por otra parte le establecían expectativas inalcanzables y el respectivo castigo al no lograrlas en un 14% de los encuestados; burlas, críticas e insultos en un 12% de los casos.

En cuanto a manifestaciones pasivas, como abandono físico y emocional en un 32%, condiciones inadecuadas de ambiente en un 27% y desnutrición, condiciones antihigiénicas o inseguras en un 26%, así como desinterés en la evolución y progreso del niño en un 14% de los casos.

El riesgo de maltrato psíquico está muy relacionado con el abuso sexual, que tiene una mayor incidencia en discapacitados psíquicos de grado medio (Hernández, Horno y Santos, 2002). Lo anteriormente analizado nos permite tener una visión real del riesgo de maltrato a que están expuestos los niños en general y especialmente los que tienen algún grado de discapacidad, por lo cual como comunidad, padres, maestros y permitiendo el desarrollo de sus potencialidades o por el contrario cuando se le exige demasiado para sus capacidades.

Los niños discapacitados siguen siendo una de las poblaciones más discriminadas a nivel mundial, cuando los gobiernos y las instituciones que los representan, les niegan la atención a los niños, les demoran las citas o procedimientos cuando no orientamos a los padres sobre sus derechos y hacia donde se pueden dirigir para obtener la atención que el niño requiere, cuando por omisión no denunciamos la sospecha o evidencia de maltrato y este se perpetua.

Es interesante y esperanzador observar niños con discapacidad en nuestra ciudad, a los cuales se le ha brindado todo el apoyo desde la familia y las instituciones especializadas de Barranquilla, con un manejo multidisciplinario en cuanto al diagnóstico completo y oportuno, la rehabilitación, estimulación, soporte psicológico, de trabajo social, pediatría, fisiatría, fisioterapia, enfermería, entre otros, logrando aproximarse y en ocasiones equipararse en muchos aspectos (habilidades motoras e intelectuales) a los niños no discapacitados.

La responsabilidad de la salud y bienestar de los niños con algún grado de discapacidad es de toda la sociedad, no solo de los padres o cuidadores directos de los niños, por lo tanto es indispensable comprometernos a mejorar las condiciones en que se están manejando los niños, que cuando se dan las condiciones ideales de crianza, educación, rehabilitación y oportunidades se pueden lograr avances muy importantes en su desarrollo físico, intelectual, psicológico y un futuro laboral para ellos y sus familias.

**Laura De Castro**
Psicóloga

# Protección especial a los niños discapacitados

Estudios especializados demuestran que en Colombia es usual la violencia contra los niños, niñas y adolescentes, bajo las diferentes formas como indiferencia o descuido, golpes y gritos, humillación o abandono.

Son también frecuentes el abuso, la violación y la explotación sexual, y demostrado que en los lugares donde más se violenta a los niños y adolescentes son los que mejor deberían proteger sus derechos en todos los ambientes donde se desarrollen (casa, escuela y comunidad).

Por otra parte, no olvidemos que en el país al menos el 10% de la población de niños, niñas y adolescentes presentan una o más limitaciones que pueden ser físicas, mentales, visuales, auditivas, por otro lado cuando no se les prodiga un ambiente propicio para su desarrollo pueden adquirir una discapacidad o ver incrementada su limitación y sus padres se ven limitados en su proceso de atención, ya que no reciben el apoyo que requieren por parte del estado y /o de las instituciones encargadas de atender esta problemática de maltrato infantil.

También hay algunos que tienen aptitudes excepcionales y no pueden aprovecharlas en entornos ordinarios. Pero cuando se tienen en cuenta las condiciones del entorno y se les brinda una atención integral adecuada, desarrollan habilidades para integrarse plenamente en la sociedad.

Es por esta razón que los entes territoriales deben tener en cuenta cinco aspectos claves para mejorar la prestación del servicio en esta población:

• Incluir a la totalidad de la población infantil con discapacidad para promover procesos de inclusión social

• Emprender acciones de apoyo tanto para ellos como para sus familias

• Educar a la comunidad para que aprenda a respetarlos, apoyarlos, valorarlos e incluirlos.

• Coordinar el programa de ayuda técnica y adelantar obras de infraestructura adecuadas para sus condiciones especiales.

• Explicar los mecanismos de exigibilidad para asegurar la garantía de sus derechos.

Lo que de acuerdo con la institución política, la ley de infancia y adolescencia, el artículo 7 de la ley 1346 de 2009 que indica:

"todos los niños y niñas con discapacidad deben gozar plenamente de sus derechos de igualdad de condiciones con los demás niños y niñas".

Para garantizar el ejercicio efectivo de los derechos de los niños y niñas con discapacidad, el gobierno nacional, los gobiernos departamentales y municipales, a través de las instancias y organismos responsables, deberán adoptar las siguientes medidas:

1. Integrar a todas las políticas y estrategias de atención y protección de la primera infancia, mecanismos especiales de inclusión para el ejercicio de los derechos de los niños y niñas con discapacidad.

2. Establecer programas de detección precoz de discapacidad y atención temprana para los niños y niñas que durante la primera infancia tengan alto riesgo para adquirir una discapacidad o con discapacidad.

3. Las Direcciones Territoriales de Salud, Seccionales de Salud de cada departamento, Distritos y Municipios, establecerán programas de apoyo y orientación a

147

madres gestantes de niños o niñas con alto riesgo de adquirir una discapacidad o con discapacidad; que les acompañen en su embarazo, desarrollando propuestas de formación en estimulación intrauterina, y acompañamiento durante la primera infancia.

4. Todos los Ministerios y entidades del Gobierno Nacional, garantizarán el servicio de habilitación y rehabilitación integral de los niños y niñas con discapacidad de manera que en todo tiempo puedan gozar de sus derechos y estructurar y mantener mecanismos de orientación y apoyo a sus familias.

5. El Ministerio de Educación o quien haga sus veces establecerá estrategias de promoción y pedagogía de los derechos de los niños y niñas con discapacidad.

6. El Ministerio de Educación diseñará los programas tendientes a asegurar la educación inicial inclusiva pertinente de los niños y niñas con discapacidad en las escuelas, según su diversidad

**Regina Rodríguez Martínez**
Trabajadora Social

# Intervención del fonoaudiólogo en la discapacidad

Las discapacidades relacionadas con la comunicación son complejas pues no solamente tienen en cuenta al sujeto en su

individualidad y corporalidad, sino que es visto desde una complejidad de variables que operan en diferentes niveles: biológico, cultural, social, contextual, entre otros. Estas variables deben actuar como facilitadores para que las personas en situación de discapacidad puedan interactuar dentro del entorno en que se desenvuelven, logrando así cambiar su estatus en la sociedad y mayores niveles de participación social.

Se reconoce, cada vez con más fuerza que estas discapacidades se configuran en la relación de las dimensiones corporal, individual y social pero necesariamente enmarcadas y determinadas por factores contextuales. Así, la intervención fonoaudiológica de las discapacidades relacionadas con la comunicación, cualquiera sea su origen, se define como el establecimiento de mediaciones entre el profesional, la persona y su entorno para optimizar su comunicación.

Este aspecto se hace relevante especialmente cuando los resultados de este estudio muestran el énfasis que se hace al abordaje poblacional desde el entorno y el rol ocupacional más que en los entornos donde el sujeto se desenvuelve existen barreras que deben ser controladas y facilitadores que deben ser potencializados. Por eso se hace necesaria la mirada en función de los apoyos que desde el contexto se pueden brindar al sujeto con discapacidad.

Es fundamental el papel que cumple el fonoaudiólogo en la relación del sujeto con su entorno, acción que implica no solamente una fuerte interrelación de todas las variables mencionadas anteriormente, sino la correlación con las áreas disciplinares, de manera que se dé sentido de identidad a su quehacer.

Para abordar tan complejo problema, y en el entendido de ser útiles en la tarea de intervención, es urgente y necesario adoptar una definición y varias categorías analíticas que faciliten la clara comprensión del fenómeno.

Entonces, es primordial determinar lo que entendemos por maltrato infantil y la relación de este con la discapacidad. Es así que lo podemos definir como "cualquier daño físico o psicológico producido de forma no accidental, ocasionado por sus padres o cuidadores, que ocurre como resultado de acciones físicas, sexuales o emocionales, de acción u omisión y que amenazan el desarrollo normal tanto físico, psicológico y emocional del niño" (Martínez y

De Paul, 1993).

Por lo cual se vuelve más difícil de abordar o intervenir cuando el niño se encuentra en una condición de discapacidad.

Dentro de la intervención del maltrato infantil, se considera fundamental el abordaje integral de esta problemática. Por esta razón, no se debe desconocer bajo ninguna circunstancia el apoyo de cualquier profesional de la salud, sobre todo cuando han existido consecuencias que afectan el desarrollo de los niños, ya sea a nivel físico y o emocional.

Por consiguiente, es así como mediante la realización de este escrito, y como profesional de la salud, se quiere dejar un aporte valioso acerca del rol que desempeña el fonoaudiólogo. Quien sin hacer parte activa de este flagelo, es el encargado, en los casos que se requiera, de brindar apoyo a aquello niños que presentan alteraciones en su proceso comunicativo, el cual interfiere de manera directa en su desempeño escolar y social.

Teniendo en cuenta las consecuencias que acarrea el maltrato infantil en los niños con discapacidad en el proceso comunicativo y reconociendo que el fonoaudiólogo es el profesional especialista encargado del estudio de la comunicación humana, se considera importante el abordaje de este profesional, dentro del equipo interdisciplinario que interviene esta población, ya que este es el encargado de prevenir y o mejorar las alteraciones en las áreas Voz, Audición, y del Lenguaje, en todas las etapas del desarrollo del individuo.

Es así como el Fonoaudiólogo dentro del trabajo con esta población, realiza actividades y / o procedimientos en los diferentes niveles de atención, tomando como base la guía de atención fonoaudiológica y el manual de procedimientos en el cual se plantean las conductas y pasos a seguir para un óptimo abordaje, tanto a desarrollar campañas encaminadas a prevenir cualquier dificultad lingüística y /o comunicativa en dichos niños.

Considerados población vulnerable, para tal fin es importante realizar campañas preventivas con los padres y/o cuidadores, concientizándolos acerca de la estimulación del niño desde temprana edades y prevenir en estos la aparición de traumas físicos y/o psicológicos, lo cual puede traer consigo daños o deterioros irreversibles en su proceso comunicativo.

Es importante durante todo el proceso de intervención de los niños maltratados y o discapacitados contar con el apoyo de los padres y o cuidadores ya que se debe lograr conciencia es estos acerca de la importancia de la comunicación en el desarrollo social y escolar de los niños, y además, deben, durante todo el proceso de tratamiento, realizar apoyo permanente de las actividades desarrolladas para alcanzar mejores logros.

Para finalizar es fundamental resaltar el apoyo de la escuela en el mejoramiento social de los niños y el Fonoaudiólogo debe hacer parte activa en el proceso de escolarización y desarrollo integral de estos, ya que es la institución social encargada de la transmisión de valores culturales, de la educación en la tolerancia, del desarrollo de la personalidad, las habilidades y aptitudes e incluso, el incremento de conocimientos, junto con la familia, tiene un papel fundamental, en esta se debe fomentar en el proceso de desarrollo del niño su adaptación social y el logro de competencias sociales y comunicativas.

**Luz Estela De La Cruz Imitola**
Fonoaudióloga

# Alimentación en la discapacidad

La alimentación en los niños presenten o no presenten discapacidad siempre debe aportar todos los macro y micronutrientes necesarios para el óptimo crecimiento de los menores, aunque es posible que lo precisen en cantidades y consistencias distintas y se deban limitar a ciertos alimentos que puedan alterar su estado clínico, es decir en todo momento debe ser Completa, Equilibrada, Suficiente y Adecuada. Estado nutricional.

Generalmente estos niños tienen el riesgo de presentar trastornos de crecimiento, ya sea de Bajo Peso o en su defecto Obesidad, por otro lado; anemia, intolerancias alimentarias, estreñimiento y es muy común observar en estos niños problemas de caries dentales.

Además pueden presentar numerosos problemas de alimentación tanto de origen físico como psicosocial que pueden afectar la ingesta lo que conlleva a su vez el deterioro de su estado nutricional. Problemas de alimentación tanto de origen físico como psicosocial que pueden afectar la ingesta lo que conlleva a su vez el deterioro de su estado nutricional.

Los objetivos del cuidado nutricional debe apuntar entonces en asegurar una buena ingesta de energía y nutrientes, que permita mejorar el máximo de potencial de crecimiento y habilidades motoras de alimentación.

En casos concretos podríamos mencionar el Autismo que es un trastorno caracterizado por un grave déficit del desarrollo, permanente y profundo el cual afecta la socialización, comunicación, imaginación, planificación y reciprocidad emocional, y se evidencia mediante conductas repetitivas o inusuales.

Para la mejora de dicha patología dentro de su plan de

alimentación debe existir una restricción del gluten contenido en los alimentos a base de trigo como el pan, galletas, pastas, cereales entre otros y la caseína (proteína de la leche). Puesto que, al metabolizarse estas, producen sustancias pequeñas que atraviesan la barrera sangre-cerebro y producen cambios en el comportamiento, complicando la patología de base, por lo que se hace necesario excluir estos de la dieta de los niños y niñas autistas.

Normalmente niños con patologías como Síndrome de Down, parálisis cerebral entre otras se pueden presentar casi siempre dificultades con la ingesta, y les ocupa mucho tiempo el aprendizaje de las normas elementales de la alimentación, en cualquiera de los casos es muy importante la consistencia de los alimentos que debe ser blanda (purés, pastas, sopas cremosas, carne molida, pollo desmechado) para que los niños la digieran con facilidad y sea agradable a su paladar.

En todos los casos se deben tener en cuenta que son menores que generalmente no realizan ningún tipo de ejercicio, más bien su vida es sedentaria; por lo que no se le puede exagerar en la alimentación para no llevarlos a un sobrepeso u obesidad.

**Jennifer Fonseca Gale**
Nutricionista

# El rol del fisioterapeuta en maltrato y discapacidad

La Organización Mundial de la Salud OMS, 2001, dice la discapacidad es un término genérico que incluye déficit, limitación en la actividad y restricción en la participación. Indica los aspectos negativos de la interacción del individuo (en relación con una "condición de salud") y sus factores contextuales (ambientales y personales).

El término puede ser utilizado para indicar cualquier alteración en el funcionamiento del individuo a nivel corporal, individual o social, asociado a estados de salud.

Según la OMS los niños con discapacidad son víctimas de actos de violencia con una frecuencia casi cuatro veces mayor que los que no tienen discapacidad, son 1.8 veces más susceptibles de sufrir negligencia, 1.6 veces más de maltrato físico y 2.2 de abuso sexual.

La discapacidad, por sí misma, no es causa de violencia pero los niños con discapacidad son niños con necesidades especiales. Los padres y/o cuidadores al sentirse responsables de suplir esas necesidades, sumado a otros factores, pueden conllevar a situaciones que conduzcan a la violencia. Esta discapacidad asociada al maltrato se presenta en:

**1. El menor discapacitado como víctima del maltrato.** Los niños en situación de discapacidad motora presentan dificultades y limitaciones para la realización de sus actividades básicas cotidianas en su movilidad, necesitando la colaboración y apoyo de otras personas para la realización de dichas actividades, esto los lleva a una condición de vulnerabilidad ante el maltrato.

Así mismo, la discriminación, la ignorancia con respecto a la discapacidad, el temor al rechazo, el estigma social, la falta de apoyo de los cuidadores, son factores determinantes para que estos niños tengan mayor riesgo a ser víctimas de maltrato.

Otros factores como el no adoptar medidas adecuadas para su seguimiento, cuidado y asistencia sanitaria ni educación adecuada, tener expectativas no reales por parte de los padres en cuanto a la rehabilitación asumiendo posiciones de omisión o exposición a múltiples tratamientos que pueden resultar excesivos, innecesarios y perjudiciales.

**2. La discapacidad como causa del maltrato infantil.** Entre estos se encuentran:

El maltrato prenatal que puede presentarse en embarazos no deseados o en circunstancias de riesgo, por la realización de maniobras abortivas inadecuadas, la alimentación restrictiva como en el caso del vegetarianismo estricto, la falta de seguimiento médico adecuado de la gestación, pueden ser causa de discapacidad. La falta de cuidados mínimos y estimulación al niño (maltrato por negligencia), maltrato físico que pueden conllevar a problemas de aprendizaje, retraso psicomotor, parálisis cerebral entre otros.

Entiéndase por:

**Retraso Psicomotor:** es la adquisición tardía de habilidades motoras, ya sea por una evolución lenta o falta de madurez del sistema nervioso central que condiciona las alteraciones fisiológicas que pueden llegar a ser patológicas, si no se proporciona una atención adecuada y oportuna por un personal médico especializado.

**Parálisis Cerebral (PC):** es un término usado para describir un grupo de incapacidades motoras producidas por un daño en el cerebro del niño que pueden ocurrir en el periodo prenatal, perinatal o postnatal. Hace referencia a una lesión del cerebro Inmaduro, que implica un compromiso funcional en la capacidad de realizar movimientos corporales, afectando la coordinación del mismo y la postura. Es el trastorno neurológico que con mayor frecuencia, genera limitación en la actividad durante la infancia.

Estas condiciones ocasionan **Discapacidad Física o Motora** la cual se define como la desventaja, resultante de la imposibilidad que limita o impide el desempeño motor de la persona afectada.

Pueden estar comprometidas la funcionalidad de las extremidades superiores, inferiores y el tronco que produce una dificultad para el movimiento de una persona.

Esta alteración puede ser producida por lesión del Sistema Nervioso Central, neuromuscular, osteomuscular, articular. Las causas pueden ser variadas de origen congénito o adquirido, producidas antes del parto, durante el parto, en la infancia y en la adolescencia.

Las producidas antes del parto (prenatales) como son las malformaciones congénitas; las producidas en el momento del parto (perinatales) ocasionadas por falta de oxígeno lo que conlleva a una parálisis cerebral y las producidas después del parto (posnatales), estas son producidas durante diferentes etapas de la vida, aquí entrarían las ocasionadas por maltrato infantil, por ejemplo, traumatismo craneoencefálico, vertebrales entre otras.

La infancia es la etapa del desarrollo más importante del ser humano, donde se adquieren las destrezas que debe desarrollar el niño para una adecuada funcionalidad motriz.

El adecuado crecimiento infantil es un indicador de salud en una población. Este puede ser evaluado en los programas de crecimiento y desarrollo, en donde se pueden detectar la falta de estimulación temprana producto de maltrato por negligencia, abandono, lo que puede llevar a deficiencias el desarrollo motor, del lenguaje, cognitivo; y las agresiones físicas que pueden causar trauma Cráneo Encefálico con su consecuente daño neurológico y discapacidad.

## *El maltrato infantil y sus efectos negativos sobre el desarrollo cerebral.*

El desarrollo cerebral puede resultar fisiológicamente alterado en situaciones de estrés prolongadas, severas o impredecibles entre ellas, el maltrato durante los primeros años del niño. Tales alteraciones pueden, a su vez, afectar negativamente al crecimiento físico, cognitivo, emocional y social del niño. Las diferentes partes del cerebro se desarrollan en respuesta a los estímulos que las activan. Con el paso del tiempo, el cerebro aumenta de tamaño y densidad, llegando a alcanzar prácticamente un 90% de su tamaño adulto cuando el niño tiene tres años de edad.

En ausencia de estímulos y de cuidados (por ejemplo, cuando los padres o cuidadores son hostiles y se desentienden del niño) el desarrollo del cerebro puede resultar disminuido en algunas regiones. Tales regiones, por consiguiente, serán más propensas a experimentar un desarrollo desproporcionado a expensas de otras que no pueden ser activadas al mismo tiempo, el cerebro de un niño que experimenta estrés, en forma de abusos físicos o sexuales, o de desatención crónica orientará sus recursos a la supervivencia y a afrontar las amenazas de su entorno.

Este estímulo crónico de la respuesta del cerebro al miedo implica frecuentemente la activación de determinadas zonas como las que intervienen en el razonamiento complejo. Como resultado de ello, ciertas regiones del cerebro no relacionado con la respuesta al miedo podrían no estar "disponibles" para permitir el aprendizaje del niño.

La problemática de la discapacidad asociada al maltrato debe ser abordada por un equipo multidisciplinario, donde se destaca el fisioterapeuta, el cual, puede intervenir tanto en la promoción, como en los diferentes niveles de prevención. En la madre gestante, mediante capacitación y ejercicios profilácticos para un mejor manejo del embarazo y control de la respiración en el momento del parto.

En los programas de detección temprana de alteraciones del

crecimiento y desarrollo en menores de 10 años, donde hace parte del equipo multidisciplinario, aquí fomenta la estimulación del niño, capacitando a los padres, detectando cualquier retraso en su desarrollo o de algún grado de discapacidad.

Detección temprana en alteraciones del desarrollo del joven (10-29) años, detección de alteraciones posturales, prevención de deficiencias y limitaciones en la actividad de individuos con riesgo donde se fomenta la actividad física, como recreación y estilo de vida saludable, igualmente interviene en la rehabilitación de las diferentes discapacidades motoras que puedan presentarse.

La intervención fisioterapéutica se establecerá en función de la edad, características, necesidades del niño, del tipo y grado de trastorno, de la familia, del propio equipo y de la posible colaboración con otros recursos de la comunidad. Esta intervención terapéutica en atención e intervención temprana va dirigida al niño, a la familia, a las instituciones educacionales y al entorno social e institucional en general.

### *Objetivos de la atención primaria en salud*

- Favorecer el buen trato.

- Reducir efectos de deficiencias o déficits del desarrollo.

- Optimizar el curso de su desarrollo.

- Introducir mecanismos de compensación, eliminación de barreras y adaptación.

- Evitar o reducir la aparición de efectos o déficits secundarios o asociados.

- Cubrir necesidades de la familia y el entorno en el que vive.

- Considerar al niño como sujeto activo de la intervención.

**Carmen Acuña**
Fisioterapeuta

## Sensación y autonomía, el binomio perfecto para la felicidad

Comúnmente nos encontramos con expresiones como "me siento bien", "siento que...", "huele a...", "veo que...", "oigo un...", "sabe cómo...", "se siente como..." y muchas expresiones más que indican sensaciones, las cuales nos llevan a actuar de manera autónoma, sensaciones que nos permiten tomar una decisión de lo que vamos a hacer, como y cuando hacerlo para satisfacer diferentes tipos de necesidades, unas que son básicas y esenciales para subsistir como comer, y otras que nos permiten interactuar, conocer y alcanzar ciertos niveles de felicidad.

El ser vivo, y especialmente el ser humano, está diseñado maravillosamente para recibir sensaciones, cada una de nuestras partes están dotadas de maravillosos y pequeños elementos que nos permiten sentir todo lo que sucede dentro de nuestro cuerpo y alrededor de él, para permitirnos estar en armonía, ser felices, tener altos niveles de bienestar y autonomía.

Sin embargo, a veces nos desconectamos tanto de nosotros para responder a otras cosas, que nos olvidamos de sentir convirtiéndonos en niños, niñas, adolescentes, adultos o ancianos inconformes, relegados, tristes, disgustados, enfermos, dependientes e infelices.

Ahora bien, imaginemos un niño o niña que por diversas circunstancias nace o adquiere una enfermedad como debilidad ósea, sordera, limitación visual; o que por factores ambientales como madres y/ o padres sobre protectores, autoritarios tiene algún tipo de restricción para recibir y experimentar una o varias sensaciones; por ejemplo:

Un niño ciego que no puede ver los colores y que constantemente sus amigos, familiares y demás personas hablan de lo verde que son los árboles, lo hermoso que son los colores del arco iris, lo lindo que se ve una cosa o la otra... sin incluirlo, explicarle o describirle como se ve o que sensación produce...

O un niño que es sordo, y constantemente ve como los otros hablan y se ríen entre sí, o que en una fiesta, todos aplauden y bailan sin tenerlo en cuenta a él para explicarles que sucede o como se puede bailar enseñándole a sentir la música ¿qué puede sentir este niño? ¿rechazo?, ¿frustración?, ¿temor?, ¿desconfianza?, ¿infelicidad?, ¿tristeza?

Es muy posible que experimente unas o más de estas emociones haciendo de él, un niño dependiente o con poca capacidad de autonomía y por ende un niño poco feliz.

Sin embargo, esto NO DEBE SER ASI, los individuos y especialmente los niños y las niñas con limitaciones o en situación de discapacidad tienen el mismo derecho a ser felices, a que se les tenga en cuenta, a que se les incluya en el colegio, en las actividades sociales y recreativas, a que se les pregunte si están de acuerdo o no con alguna situación o si desean y quieren hacer esto o aquello; esto se logra adecuando espacios, facilitando dispositivos tecnológicos, brindando muchas más experiencias y sensaciones a través de sus otros sentidos permitiéndoles experimentar por otros medios aquello que no logran experimentar por su situación.

Cuando no permitimos que ellos participen, se expresen o experimenten, estamos incurriendo en Maltrato.

Para evitar convertirnos en Maltratadores o en Maltratados (si tenemos alguna limitación), como seres sociales, tenemos la responsabilidad y el derecho de educarnos y ser educados sobre las limitaciones, las oportunidades y las estrategias para permitir participar y ser partícipes, para incluir y ser incluidos, para promover la independencia, y sobre todo PARA SER AUTÓNOMOS Y FELICES; es por esto que el grupo de investigación Niñez y Bienestar lo invita a usted papá, mamá, médico, profesora, terapeuta, hijo, hija, tío, sobrino etc, a que se sensibilice y empiece a ver a los demás especialmente a los niños, niñas, adolescentes y adultos en situación de discapacidad, como iguales, como personas que pueden enseñar y aportar a todos; así que incluyámoslos no caigamos en la exclusión y con ello al maltrato.

**Diana Bravo Serrano.**
Terapeuta Ocupacional

# Referencias

Arias, J., Mahecha, G. A., y Cortés, E. (2008). Impacto de las políticas públicas en la prevención del maltrato infantil en la localidad de Santa Fe en Bogotá, DC periodo 2004- 2006. Bogotá: Ediciones Gran colombianas.

Asociación Española de Fisioterapeutas, (2007). Documento Marco para el Rediseño de la Fisioterapia en Atención Primaria. Colegio Profesional de Fisioterapeutas. Castilla y León.

AYRES, Jean (2006). La Integración Sensorial y el Niño. Edit. MAD.

La Integración Sensorial En Los Niños: Desafíos Sensoriales Ocultos. Edit TEA.2008.

Behrman, R. E.; Kliegman, R. M. y Jenson, H. B. Tratado de Pediatría de Nelson. Barcelona, España: Elsevier; 2004.

Berástegui Pedro-Viejo A, Gómez- Vengoechea B. (2006). Los menores con discapacidad como víctimas de maltrato infantil: una revisión. Intervención Psicosocial. Instituto Universitario de la Familia. Universidad Pontificia Comillas de Madrid. Vol. 5, N°3. pp. 293-306. Disponible en: http://www.redalyc.org /articulo. oa? id=179814012004. Consultado el 27 de octubre de 2014.

Bringiotti, María (2000). La escuela ante los niños maltratados. Argentina: Paidos.

Cajías, Beatriz (2000). Prevención y tratamiento de la violencia doméstica en la escuela. Bolivia: Sierpe publicaciones

Cirilo, Stefano (1997). Niños maltratados: Diagnóstico y terapia familiar. Paidós, España.

Congreso de Colombia, (2013). Ley estatutaria No. 1616 27 febrero. 2013. Cuervo Echeverri, Clemencia (1999). La profesión de Fonoaudiología: Colombia una perspectiva Internacional. 1ª edición, Universidad Nacional de Colombia, Bogotá.

Davini, María (1995).La formación del docente. En cuestión: política y pedagogía, Paidós.

De Lorenzo, Rafael, (2007). Discapacidad, sistema de protección y trabajo social. Política social de servicios sociales. Alianza editorial S.A. Madrid.

Domínguez, María; Infante, Yaneth y Roca, Martícela (2009). Programa de Formación para Padres y/o Cuidadores de Niños con Discapacidad Motora y Auditiva de la Fundación para el Niño Sordo I C A L como Estrategia de Promoción del Buen Trato. Universidad de la Sabana. Colombia.

Federación Estatal de Asociaciones de Profesionales de Atención Temprana (GAT) (2005). Libro Blanco de la Atención Temprana. Documentos 55/ 2005. Real Patronato sobre Discapacidad. Madrid, Tercera edición.

García-Piña, Corina A.; Loredo-Abdalá, Arturo y Perea-Martínez, Arturo. (2009) La discapacidad y su asociación con maltrato infantil. Acta Pediatr Mex; 30(6):322-6.

Martínez, Roing y De Paul, Joaquín (1993). Maltrato y abandono en la infancia. España: Martínez Roca.

Ministerio de Salud. Dirección General de Promoción y Prevención. Norma técnica para la detección temprana de alteraciones del desarrollo en niños menores de 10 años. Resolución Número 00412 de 2000.

Ministerio de Salud. Dirección General de Promoción y Prevención. Norma técnica para la detección temprana de alteraciones del desarrollo del joven de 10-29 años. Resolución Número 00412 de 2000.

Monsalve, Francisco; Toro Posada, Alvaro y López, Meisser. Papel del Ortopedista en el Maltrato Infantil: Descripción de tres casos y Revisión de la Literatura. Res. IV año Ortopedia y

Traumatología - Universidad de Antioquia HUSVP.

Moreiras, Varela Gregory. "Alimentación en niños discapacitados y con necesidades especiales"

OMS y Sociedad Internacional para la Prevención del Maltrato y el Abandono de los Niños. Prevención del Maltrato Infantil: Qué hacer y cómo obtener evidencias. 2009. ISBN 978-92-4-359436-1.

Organización Mundial de la Salud (OMS). Clasificación Internacional de Funcionamiento la Discapacidad y la Salud. CIF, 2.001

Rozo, M., Ramírez. (2013). Cuadernos Hispanoamericanos de Psicología. Universidad Católica de Colombia, Facultad de Psicología, Vol. 13 No. 2, pp 57-74.Bogotá, 2013.

Vásquez Barrio, Armando y Cáceres, Nora, (2008). El abordaje de la discapacidad desde la atención primaria en salud. Universidad Nacional de Córdoba Facultad de Ciencias Médicas, Secretaría de Graduados en Ciencias Médicas, con el apoyo de la Organización Panamericana de la Salud (OPS), Buenos Aires: OPS, 176p. ISBN 978-950-710-111-3

Verdugo Alonzo, M. A. et al. (1993). Documentos técnicos. Maltrato infantil y minusvalía Madrid: Instituto Nacional de Servicios Sociales, ISBN / ISSN: 84-86852-44-7

Vicepresidencia de la República, Departamento Nacional de Planeaciones, Ministerio de Trabajo, ICBF, Ministerio de Salud y Protección Social República de Colombia, UNICEF, Fondo de Población de las Naciones Unidas, (2011). Lineamientos de la política pública, para el desarrollo de niños, niñas y adolescentes en los departamentos y municipios. ISSN 2248-6259. Imprenta Nacional de Colombia.

# Capítulo VIII. Reclutamiento de niños, niñas y adolescentes por grupos armados y grupos criminales organizados: otra forma de maltrato infantil

## Introducción

¿Qué son los grupos armados o al margen de la ley (GAOML)? En Colombia un grupo armado o al margen de la ley (GAOML) es un grupo de guerrilla o autodefensas que surge a partir del descontento con las formas de gobierno existente; en nuestro país, las FARC es la guerrilla más antigua y numerosa de América Latina, otros grupos armados son ELN, M19, Águilas negras, los Rastrojos y Los Urabeños.

Estos grupos armados se caracterizan por ejercer operaciones militares sostenidas y concretadas donde se cometen actos violentos y de lesa humanidad.

¿Que son los grupos delictivos organizados? Es un grupo estructurado conformado por más de una persona durante un periodo de tiempo el cual comete delitos graves con el fin de obtener, de manera directa o indirecta, un beneficio económico, político u otro de orden material. El término de crimen organizado se utiliza para rotular a personas que se dedican a traficar drogas, personas, cometer secuestros, asesinatos, entre otros delitos.

### Restablecimiento de niños, niñas y adolescentes (NNA) en grupos armados y /o grupos organizados

En los países de América Latina y el Caribe los NNA ven afectados sus derechos cuando son víctimas de alguna manifestación de violencia, situación que se agrava debido a la impunidad, tan es así que la mayoría de los casos no son resueltos.

Los estados no cumplen sus obligaciones ante los derechos de los niños, niñas y adolescentes de acceder a la justicia.

Además, la estructura patriarcal de nuestras sociedades, que se traslada a las instituciones públicas proveedoras de justicia, refuerza las condiciones de desigualdad y exclusión social, y sostiene la exigibilidad del derecho al acceso a justicia y vida libre de violencia desde los grupos organizados; siendo este el sueño de toda familia Colombiana: ofrecer a sus niños, niñas y adolescentes un entorno de paz y armonía en todos los ámbitos y etapas del ciclo vital.

Por su parte, en referencia a lo anterior expuesto, el ICBF en su documento concepto 35/2013 comenta que la Resolución No. 005929 del 27 de diciembre de 2010 es un Proceso Administrativo de Restablecimiento de los Derechos de los niños, las niñas y los adolescentes que contiene un conjunto de actuaciones administrativas y judiciales que la autoridad administrativa debe desarrollar para la restauración de los derechos de los menores de edad que han sido vulnerados.

Es importante contar con estrategias para identificar los factores de riesgo, y tener en cuenta las rutas de promoción, prevención, detección y atención frente a la problemática del reclutamiento por grupos armados de niños, niñas y adolescentes.

**Regina Rodríguez Martínez**
Trabajadora Social

# ¿Qué es el reclutamiento de niños, niñas y adolescentes?

El reclutamiento es el mecanismo que usan algunos grupos, instituciones o entidades para atraer a cierto número de personas con características específicas.

En este caso, son estrategias que usan los diferentes grupos armados basadas en engaños o en el peor de los casos de manera violenta para vincular a niños, niñas y adolescentes a actividades delictivas; esto sucede en la mayoría de los casos en zonas rurales o en comunidades con muy bajos recursos económicos.

María Paula Martínez, directora de la organización Save The Children en Colombia, afirma que "Cuando un niño o niña es reclutado, sus derechos, la totalidad de ellos, quedan en un estado de suspensión o vulneración: educación, salud, recreación, familia, afecto. No hay ningún derecho que uno pueda pensar que al menos no esté seriamente amenazado cuando se cambian los juguetes y las mochilas por armas".

### ¿Por qué se reclutan menores de edad en los grupos armados y en grupos delictivos organizados?

Dadas las condiciones y características de los niños, niñas y adolescentes reclutados, estos suelen ser convertidos en esclavos sexuales, informantes, e incluso se los emplea para colocar o retirar minas terrestres; también pueden ser usados como fachada para esconder o transportar droga y en otras ocasiones como barreras humanas para evitar ser atacados por otros grupos armados o por las fuerzas militares.

### Efectos del reclutamiento en los menores

Al ser reclutados los niños, niñas y adolescentes, se les restringe de la posibilidad de gozar de servicios básicos, pues la mayoría de grupos armados residen en la selva; además no pueden acceder a la educación ni a espacios de juego y recreación.

Por otro lado, las condiciones sanitarias son muy precarias exponiendo a los menores a enfermedades e infecciones; las formas de convivencia promueven la violencia y explotación sexual, generando a su vez embarazos en adolescentes, embarazos no deseados, abortos.

El director del ICBF Diego Molano indicó que estos menores son "sometidos a cometer y a ser testigos de atrocidades, a asesinar a veces a sus propios compañeros o a ver a sus compañeros caer en combate"… a realizar trabajos de guardia, vigilancia nocturna, la ranchería" los cuales son labores muy extensas y pesadas para realizar a tan cortas edades.

En conclusión podríamos decir que los niños recluidos por grupos al margen de la ley y por grupos de crimen organizado están expuestos a todo tipo de maltrato dejando secuelas emocionales, físicas y psicológicas que interferirán con una vida plena y feliz.

# Mecanismos de prevención en Colombia

El Gobierno Nacional y la comisión de Derechos Humanos preocupados por las alarmantes cifras de niños, niñas y adolescentes reclutados por los grupos armados y criminales organizados promueve la creación de una normatividad para tratar de disminuir estos actos violentos que van en contra de todos los derecho fundamentales de los niños, es por esto que el 3 de diciembre de 2007 se aprueba el decreto 4690 de 2007 por el cual se crea la Comisión Intersectorial para la prevención del reclutamiento y utilización de niños, niñas, adolescentes y jóvenes por grupos organizados al margen de la ley, este decreto ha generado estrategias que permiten identificar factores de riesgo, trazar rutas de promoción, prevención, detección y atención frente a esta problemática.

Básicamente, trabaja con personas civiles, entes territoriales, instituciones educativas y de salud cuatro acciones específicas:

- Prevención temprana: reducir factores de riesgo a través del fortalecimiento de entornos saludables.
- Prevención urgente: acciones educativas para proteger y disminuir riesgos a una población de menores en general.
- Prevención en protección: reacciones frente a amenazas concretas contra un menor o un grupo de menores específicos.
- Rutas de atención: acciones educativas para activar las rutas de prevención

Actores encargados de la prevención del reclutamiento de niños, niñas y adolescentes por GAOML y grupos criminales organizados

Frente a un posible caso de reclutamiento se debe desarrollar una acción inmediata que permita la protección de los derechos del o de los menores; es por esto que una sola entidad o persona no puede actuar por su cuenta ante esta situación por lo que se hace necesario que todas las autoridades públicas y competentes tomen decisiones que permitan la ejecución de acciones inmediatas para garantizar los derechos del niño, niña o adolescente en potencial riesgo o riesgo inminente.

Se crea entonces el Equipo de Acción Inmediata el cual está conformado por:

- Alcalde Municipal
- Secretario de Gobierno
- Personero Municipal
- Representante de la Defensoría
- Defensor de Familia/ Comisario de Familia/ Inspector de Policía
- Representante Centro Zonal y oficinas del ICBF
- Policía de Infancia y Adolescencia
- Autoridades Indígenas según corresponda.

# Conclusiones

El reclutamiento forzado o bajo propuestas engañosas de niños, niñas y adolescentes se considera un acto de violencia y de maltrato infantil que llega a generar consecuencias atroces que afectan la integridad y desarrollo del menos en todas sus esferas como son:

-Físicas

-Emocionales

-Psicológicas

-Morales

-Espirituales

Pues se saca a los menores de sus entornos, se les separa de sus familias y quedan expuestos a presenciar y cometer toda clase de acciones violentas, trabajos pesados que ponen en riesgo la salud y la propia vida y en el caso de las niñas son expuestas a explotación sexual. Es por esto que se hace un llamado a ser vigilantes y denunciar en caso de sospecha de reclutamiento por parte de grupos armados o grupos criminales organizados.

# Referencias

Ministerio de defensa nacional, Republica de Colombia. Reclutamiento forzoso. Disponible en http://reclutamientoforzoso.blogspot.com/

Presidencia de la república. Consejería de Derechos Humanos. Las rutas para la prevención del reclutamiento y utilización de niños, niñas y adolescentes por grupos organizados al margen de la ley y grupos delictivos organizados: Guía para la implementación de la ruta de prevención en protección. ISBN 978-958-18-0442-9. Disponible en http://www.sipi.siteal.iipe.unesco.org/sites/default/files/sipi_inter vencion/las_rutas_para_la_prevencion_del_reclutamiento_y_utiliz acion_de_ninos_ninas_y_adolescentes_por_grupos_organizados_al _margen_de_la_ley_y_grupos_delictivos_organizados.pdf

La vanguardia.com. Noticia: Reclutamiento de menores de edad en Colombia, preocupación latente de autoridades. Lunes 05 de Marzo de 2018 - 06:31 AM. http://www.vanguardia.com/colombia/426362-reclutamiento-de-menores-de-edad-en-colombia-preocupacion-latente-de-autoridades

Concepto de grupo armado. Disponible en https://wiki.umaic.org/wiki/Grupo_armado_al_margen_de_la_ley

# Capítulo IX. Rutas de acción frente a las diferentes situaciones de vulneración de derechos y donde acudir

## Introducción

Este material se construyó para ser utilizado por todas las personas, organizaciones e instituciones educativas y de salud con interés en la prevención del Maltrato y promoción del Buen trato, teniendo en cuenta las rutas emanadas por el Ministerio de salud; lo que se reflejará en el mejoramiento de la salud y la calidad de vida de los NNA.

Este marco integral de protección de los derechos debe tener en cuenta, la particular posición de vulnerabilidad en que se encuentran algunos niños, niñas y adolescentes. Para ello, es importante la utilización de las rutas de atención integral que contienen un conjunto de acciones articuladas con las normas que garantizan su protección, su recuperación y la restitución de sus derechos.

Para el abordaje integral de los abusos de los niños, niñas y adolescentes, el Ministerio de Salud y Protección Social desarrolla acciones para el fortalecimiento institucional y el apoyo técnico dando prioridad a la utilización de rutas de atención a estas víctimas.

Las rutas involucran a todas las entidades responsables en materia de salud, protección y justicia; considerando que cada caso es único y particular por las condiciones individuales, por el tipo de violencia presentado y por la oferta de servicios y disponibilidad de las instituciones,

Con toda seguridad es una herramienta para docentes, padres y niños de la población Cero a Siempre, como para los adolescentes y jóvenes que serán los ciudadanos en un mañana muy cercano.

**Regina Rodríguez Martínez**
Trabajadora Social

## Antes de la amenaza

Fuente: Guía para la implementación de la ruta de prevención en protección

## En el momento de la amenaza

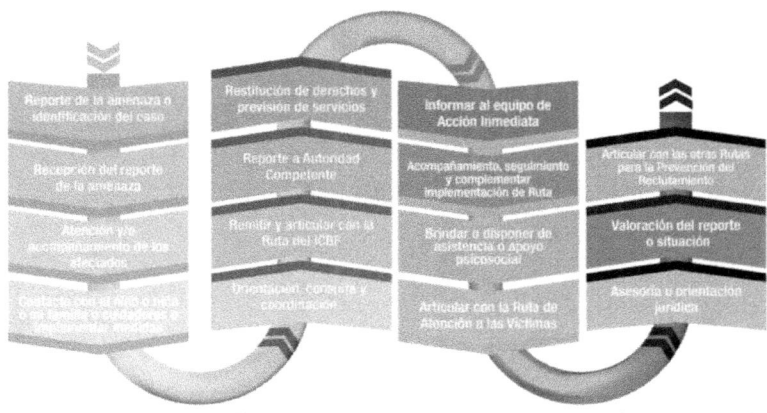

171

Fuente: Guía para la implementación de la ruta de prevención en protección

## Después de conjurar la amenaza

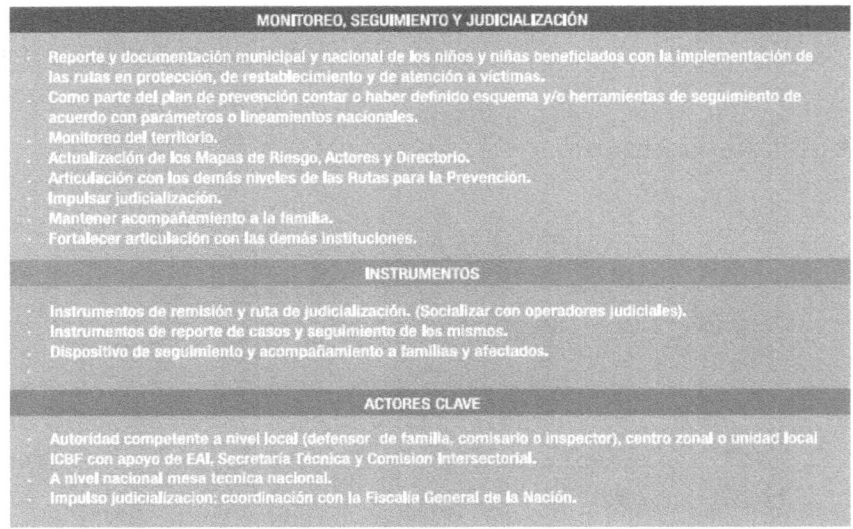

Fuente: Guía para la implementación de la ruta de prevención en protección

# Ruta para la atención a víctimas de violencia intrafamiliar

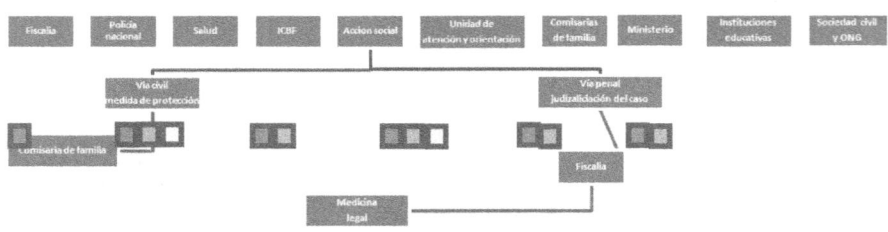

Fuente: Red del buen trato Soacha

# Ruta para la atención a víctimas de Violencia Sexual

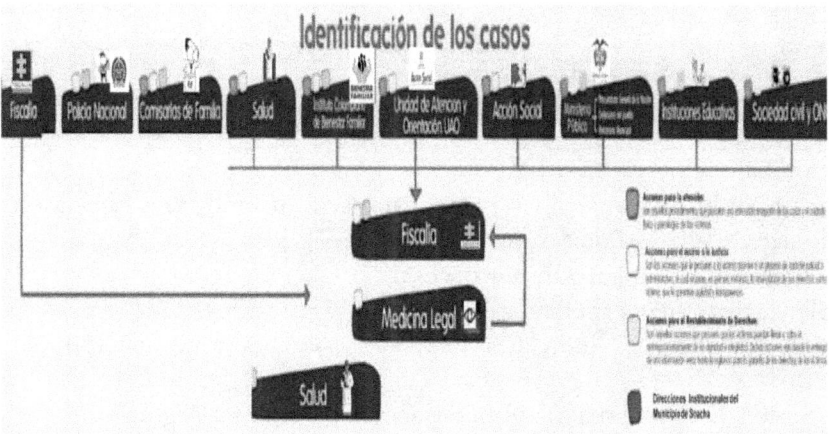

Fuente: Red del buen trato Soacha

# Ruta de atención en el maltrato infantil sector clínico

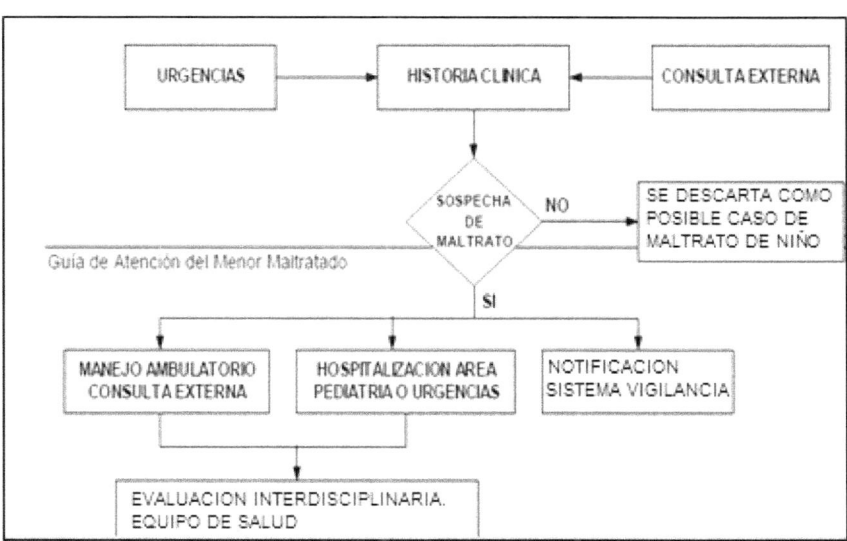

## Acciones que desarrolla cada institución frente a casos de maltrato y violencia

| FISCALIA |
| --- |
| Recepciona la denuncia a través de la policía judicial o actúa de oficio.<br>Brinda atención en crisis.<br>Remite al ICBF cuando la(s) víctima(s) sea un niño, una niña o un adolecente en caso de ser necesario.<br>Remite a salud en caso de ser necesario.<br>Solicita dictamen a medicina legal.<br>Inicia las acciones judiciales necesarias para la investigación del delito.<br>Orienta a la(s) víctima(s) sobre las acciones legales a seguir.<br>Dicta medidas de protección provisional. |

| POLICÍA NACIONAL |
| --- |
| Orienta sobre las sanciones a seguir.<br>Recepciona quejas y denuncias a través de la policía judicial.<br>Actúa de manera inmediata para garantizar los derechos de las víctimas o pone el caso en conocimiento de las autoridades competentes.<br>Orienta a la víctima en la preservación de pruebas.<br>Lleva a la persona agredida a un centro asistencial si lo requiere.<br>Acompaña a la víctima a un lugar seguro o hasta su casa.<br>Brinda la información necesaria sobre sus derechos.<br>Brinda apoyo a las autoridades judiciales, defensores(as) de familia, comisarios(as) de familia, personeros (ras) municipales e inspectores(as) de policía en las acciones de policía y protección de la(s) víctima(s) y traslada cuando sea procedente a las instituciones de atención especializada. |

| INSTITUCIONES DE SALUD |
| --- |
| Ruta de detección del maltrato infantil en el sector clínico.<br>Brinda información general sobre el proceso integral de atención en salud y sobre los derechos en salud.<br>Brinda atención en crisis.<br>Brinda Atención médica. |

Elabora historia clínica.

Orienta y pone el caso en conocimiento de las comisarías de familia o ICBF o la fiscalía.

Brinda atención integral a través de la red de salud pública.

Activación de redes intersectoriales.

Notifica al sistema de vigilancia.

Da aviso a instituciones de protección en caso de que la víctima sea un niño(a) o adolescente.

Ordenará exámenes y controles para la continuación del tratamiento médico en caso de ser necesario.

## INSTITUTO COLOMBIANO DE BIENESTAR FAMILIAR

Recepciona el caso cuando la víctima sea niño(a) o adolescente.

Verifica garantía de derechos.

Brinda atención en crisis por parte del equipo interdisciplinario.

Remite a salud para atención urgente.

Remite de inmediato a la fiscalía.

Remite a comisaria de familia para medidas de protección.

Cuando la víctima sea un niño(a) o adolescente y la gravedad amerita una medida provisional de emergencia o de restablecimiento de derechos, la adoptará de inmediato y remitirá el caso a la comisaria de familia a más tardar el día hábil siguiente.

Acompaña y apoya a la víctima.

Remite y gestiona atención en servicios especializados.

Realiza seguimiento a las medidas de protección y de restablecimiento de derechos adoptados por comisaría de familia.

## UNIDAD DE TAENBCION Y ORIENTACION UAO Y ACCION SOCIAL

Identifica los casos.

Activa las redes interinstitucionales para la atención y el restablecimiento de derechos de la(s) víctima(s).

Pone el caso en conocimiento de las Comisarías de Familia o de la Fiscalía.

Activa la red del Sistema Nacional de Atención Integral a la población desplazada SINAP.

Legislación UAO y acción social.

Constitución política de Colombia.

## COMISARIAS DE FAMILIA

Recepciona el caso y orientar a la(s) víctima(s) sobre las acciones legales a instaurar.

Verifica garantías de derechos en los casos de Maltrato infantil.

Practica rescates para darle fin a una situación de peligro.

Brinda atención en crisis por parte del equipo psicosocial.

Remite a salud para la atención de urgencia.

Realiza seguimiento a la familia.

Remite de oficio el caso a la fiscalía o recibe la denuncia.

Solicita dictamen a medicina legal.

Toma medidas de protección para víctimas de violencia intrafamiliar.

Remite a otros programas e instituciones.

## MEDICINA LEGAL

Realiza dictamen médico legal.

Recomienda otros exámenes o actuaciones en salud.

Remite el dictamen a fiscalía o comisaria de familia.

## MINISTERIO PÚBLICO

Procuraduría General de la Nación.

Defensoría del Pueblo.

Personería Municipal.

Recibe quejas.

Orienta y asesora legalmente a la víctima.

Remite a la Comisaria de Familia y Fiscalía.

Tramita las quejas y peticiones.

Aboga por la atención oportuna.

Hace recomendaciones y observaciones a las instituciones y autoridades.

Ejerce vigilancia y control para que las autoridades competentes cumplan sus funciones en garantía de los derechos de las victimas i vela para que reciban atención y protección integral para el restablecimiento de sus derechos.

Proporciona y divulga los derechos humanos.

## INSTITUCIONES EDUCATIVAS

Identifica los casos.

Notifica y pone el caso en conocimiento de las Comisarías de Familia o de la Fiscalía.

Activa las redes intersectoriales para el restablecimiento de derechos.

Gestiona el traslado de la víctima a otra institución educativa de ser necesario.

Gestiona la inclusión de la víctima a programas de re-vinculación al sistema educativo.

Realiza seguimiento a los casos.

## SOCIEDAD CIVIL Y ONG'S

Identifica los casos.

Activa las redes interinstitucionales para la atención y el restablecimiento de derechos de la víctima.

Pone el caso en conocimiento de las Comisarías de Familia o Fiscalía.

Remite a otras entidades o programas.

Realiza actividades de promoción y prevención.

Acompaña y orienta a la víctima.

## CONTACTOS DE ENTIDADES

A nivel nacional.

- Línea de atención 141 disponible 24 horas al día la para denunciar violencia y cualquier tipo de maltrato contra niños, niñas y adolescentes; en esta línea se cuenta con la asesoría de un equipo de profesionales dispuestos a brindar información y hacer intervención en caso de requerirlo.

- Policía Nacional de Colombia línea nacional: 018000 910 112

En Barranquilla

- Fiscalía General De La Nación Seccional Barranquilla. Dirección: Calle. 53b No. 46-50 Piso 3 Barranquilla. Teléfono: (5) 3714900
- U.R.I. Fiscalía. Dirección: Carrera. 39 No. 41-41, Barranquilla
- Policía de infancia y adolescencia: Protección Integral a Niños, Niñas y Adolescentes
- Policía en Barranquilla sede principal: Carrera 43 Nro. 47-53. Teléfono: 3416000. Sitio web de la policía nacional https://www.policia.gov.co/barranquilla/directorio
- Inspección Especializada De Policía Urbana Jefatura de policía. Carrera 45, Calle. 38 No.45. Teléfono (5) 3705563
- Comisaria De Familia Barranquilla Suroccidente. Carrera. 16 No. 60-7. Teléfono: 3652788
- Comisaria de familia LA PAZ Calle. 100 No. 13-100
- Instituto Colombiano de Bienestar Familiar. Carrera. 46 No.

61-15, Barranquilla, Atlántico. Teléfono: 01-800-0918080
- Instituto Colombiano de Bienestar Familiar centro zonal suroccidente. Carrera. 38b No. Calle 66-77
- Instituto Colombiano de Bienestar Familiar Centro Zonal Norte Centro Histórico. Carrera. 47 No. 75- 100. Teléfono: 3853084

# Referencias

Presidencia de la república. Consejería de Derechos Humanos. Las rutas para la prevención del reclutamiento y utilización de niños, niñas y adolescentes por grupos organizados al margen de la ley y grupos delictivos organizados: Guía para la implementación de la ruta de prevención en protección. ISBN 978-958-18-0442-9. Disponible en : http://www.sipi.siteal.iipe.unesco.org/sites/default/files/sipi_inter vencion/las_rutas_para_la_prevencion_del_reclutamiento_y_utiliz acion_de_ninos_ninas_y_adolescentes_por_grupos_organizados_al _margen_de_la_ley_y_grupos_delictivos_organizados.pdf

Red del Buen Trato Soacha. Ruta de atención para víctimas de violencia. Disponible en: http://redbuentratosoacha.blogspot.com/p/ruta-para-la-atencion-victimas-de.html

Red del Buen Trato Soacha. Guía de atención para el menor maltratado. Disponible en: http://redbuentratosoacha.blogspot.com/p/ruta-para-la-atencion-victimas-de.html

www.ingramcontent.com/pod-product-compliance
Lightning Source LLC
Chambersburg PA
CBHW071429180526
45170CB00001B/273